蔡佳佳

陈鸿锴

陈　坚

陈天琪

杜妍彬

杜依卓

杜毅美

高艺峰

黄佳琳

蒋沅筠

刘子辰

廖志宏

刘倩如

林海龙

刘晨

刘凯

郭兴坤

刘奕佳

刘　青

路峻博

刘运颖

涂远安

马郝燕

周泽晨

珊 飞

潘成洋

王昕睿

王浴潼

徐佳涛

木丽迪尔·克孜尔克力德

王子豪

谢江凤

杨晓彤

魏纪喆

杨立东

扎西达杰

廖志宏

张 昊

高崇威

康嘉琛

张哲语

杨子馨

张千陶

农建 181 班级合照

农建 182 班级合照

别样的第二课堂
——2021农建专业综合实践

◎郑炜超　赵淑梅　李保明　主编

中国农业科学技术出版社

图书在版编目（CIP）数据

别样的第二课堂：2021农建专业综合实践／郑炜超，赵淑梅，李保明主编. --北京：中国农业科学技术出版社，2023.5

ISBN 978-7-5116-6261-3

Ⅰ.①别…　Ⅱ.①郑… ②赵… ③李…　Ⅲ.①农业工程-专业-大学生-社会实践-研究　Ⅳ.①S2

中国国家版本馆 CIP 数据核字（2023）第 070213 号

责任编辑　张志花
责任校对　李向荣
责任印制　姜义伟　王思文

出 版 者　中国农业科学技术出版社
　　　　　北京市中关村南大街 12 号　　邮编：100081
电　　话　(010) 82106636 (编辑室)　　(010) 82109702 (发行部)
　　　　　(010) 82109709 (读者服务部)
网　　址　https://castp.caas.cn
经 销 者　各地新华书店
印 刷 者　北京中科印刷有限公司
开　　本　170 mm×240 mm　1/16
印　　张　9　彩插　8 面
字　　数　135 千字
版　　次　2023 年 5 月第 1 版　2023 年 5 月第 1 次印刷
定　　价　68.00 元

　　中国农业大学的农业建筑环境与能源工程专业(简称"农建专业"),前身为农业建筑与环境工程专业,创办于 1979 年,具有深厚的历史沿革,是国家根据改革开放和农业现代化发展的新时代对农业建筑环境相关高级技术人才的需求,指示原北京农业机械化学院(现中国农业大学东校区)率先创办,为解决我国城乡居民"菜篮子"问题和美丽乡村建设而成立,事关人民对美好生活的向往。

　　自农建专业成立以来,其始终瞄准如何更好地服务于国家重大战略需求,经过 40 余年的探索与实践,得到了广泛的社会认可,先后入选国家级一流本科专业建设点、教育部和北京市特色专业建设点、教育部首批卓越农林人才(拔尖创新型)培养试点单位,为满足人民日益增长的美好生活需要培养了 1 200 余名优秀人才,包括一批本学科领域的学术带头人、相关产业上市企业董事长和行业技术骨干等。当前,面向服务"三农"和全面推进乡村振兴,以及践行大食物观的国家战略需求,农建专业肩负推动我国从设施农业大国向强国转变的历史使命,注重培养具有多学科交融知识、拔尖创新能力和能够领军中国设施农业产业转型发展的人才,以促进农业高质高效、乡村宜居宜业、农民富裕富足。

　　"专业综合实践"作为农建专业的特色培养环节,按照通识化教育与个性化培养相结合的理念,依据培养成效滚动筛选校外教学实践和科研基地,用人单位与学生双选,将学生以员工身份派到基地渗透式实践 1~3 个月,围绕发现的产业问题提炼毕业设计,实行校内外导师联合指导,将前 3 年的"宽口径、厚基础"教学与后 1 年的"强实践、个性化"历练有机融合，提升学生综合能力。巩固理论与实践相结合的应用型、复合型、技能型人才培养，全面提升学生解决问题的综合能力，形成产学研协同实践育人模式，实现学生工程综合素质培养、人才培养与社会需求的多层次、全程化对接。

2021 年是特殊的一年，是中国共产党成立 100 周年，也是推进高校课程思政教育的重要一年。所以，我们在教学目标和教学内容上更加注重思政教育，把正确价值引导、理想信念塑造作为重要内容融入实践教学全过程，充分发挥思政教育与专业教育的协同作用，将其打造成夯实知识—锻炼能力—塑造品格的主阵地。

"善学者尽其理，善行者究其难。"学习的最高境界，在于知行合一，成就更好的自我，专业综合实践正是检验成色和底色的环节。读书力行，才能读出如磐的理想信念，不畏浮云遮望眼，经受住各种考验；才能读出昂扬的苦干精神，千磨万击还坚劲，永葆披荆斩棘的斗志；才能读出创新的品格，勇立潮头敢为先，争当自立自强者。

2021 年的实践是卓有成效的，在汇报交流中，同学们纷纷表示收获颇丰，感触良多，对专业有了更深的认识。同学们切实感受到农业、农村、农民的发展，增强了人文关怀精神和"学农、知农、爱农"的情怀；加强专业与实践的结合，锻炼了发现和解决问题能力、专业知识运用能力，培养了创新意识；适应不同环境的磨砺，提高人际沟通交流能力、合作能力、团队精神和感恩意识；树立良好的规范意识，提升了专业综合素养。

从 2016 年开始，我们鼓励每一届学生总结"专业综合实践"环节的感受，记录下同学们在实践过程中的经历和成长小故事，这些真实的感悟是最能够引起共鸣和打动人心的。作为一名高校教师，我颇感欣慰，看到同学们借此契机，走出教室、走出课堂，走入基层、走入田野，在实习实践中增本领、长才干、作贡献，践行着"解民生之多艰，育天下之英才"的校训嘱托，感知祖国的召唤，将论文谱写在祖国的大地上。因此，这也更加坚定了我们的教学目标，培养兼备"强农兴农使命、工农交融知识、拔尖创新能力、宽广国际视野、综合实践素养"的拔尖创新和行业领军人才，加速我国农业现代化建设进程。

"专业综合实践"环节自实施以来，得到了中国农业大学本科生院以及水利与土木工程学院相关领导的关怀和支持，得到了北京中农富通园艺有限公司、青岛大牧人机械股份有限公司、北京京鹏环宇畜牧科技股份有限公司等实践基地的积极响应和大力支持。本次实践，除了主编之外，本专业的施正香、滕光辉、陈刚、王朝元、黄仕伟、宋卫堂、张天柱、贺冬仙、刘志丹、王宇欣、袁小艳、周清、蒋伟忠、王玉华、奚雪松、段娜、卢海凤、童勤、郑亮、李浩、司哺春、季方、梁超、徐丹等老师均积极参与指导。

本书编写过程中，农建专业2018级全体同学积极响应，其中，蒋沅均等同学在素材的收集、整理以及编辑过程中付出了大量的心血。由于时间和精力所限，书中出现不足之处在所难免，不妥之处敬请广大读者不吝赐教并给予指正。

在此一并致以衷心的感谢！

郑炜超

中国农业大学农业建筑与环境工程系

2023年1月

目 录

区域规划与农业建筑工程篇

新能源与环境工程篇

动物环境工程篇

植物环境工程篇

企业篇

区域规划
与农业建筑工程篇

杜毅美

清华大学建筑设计研究院

"我不会忘记在这里学到的专业技术和养成的绘图习惯，这里带给了我对理想工作的所有美好幻想。"

自2019年底新冠疫情逐渐蔓延，它带来的影响已渗透到了我们生活中的每个角落。人们都戴上了口罩，揣着当今活动必备的通行证——健康绿码，对流动人员密集的车厢、电梯等场所一遍又一遍地消毒，小心防备着随时可能会再次大规模肆虐的病毒。然而如此严密的防疫行动还是没能完全让我们将变化多端的毒株远远隔开。

上一届的学长学姐由于疫情的原因在自己的家乡开展了专业综合实践，今年我们还是很幸运的，趁着疫情形势有所缓解，及时开展了为期四周的实习。每天的工作、生活规律而充实，顺利度过了两周。"昌平区出现了一例！"突如其来的消息让我们有些慌张，随着昌平区病例的活动轨迹曝光，我们的神经一下子紧张了起来。双清大厦、五道口都紧邻我们学校，甚至是我们学生经常活动的熟悉地点。

此时学校并没有停止实习的通知，第三周的周一我们照常去上班，但就连公交车上所有人的口罩上方透出的目光好似都不如往常了。到了公司我摘下口罩收拾桌面准备继续上周留下来的建筑施工图的绘制，抬头发现斜对面的康秘书工位还空着，而她一向是公司里来得最早的同事之一，我心里暗暗感到了一丝不安。听到后面的同事悄声议论："小康啊，她家小区封了，隔离呢！"同时每天跟我一起上下班的同学也接到了学院老师的电话，由于怀疑与确诊病例的活动轨迹重合被要求去做核酸检测。办公室的空气中弥漫着隐隐的焦灼，但所有人还是继续坐在自己的工位上有条不紊地工作。看到大家的样子，我心里也不害怕了，渐渐放下心来，把目光重新转移到图纸上。

过了几天，同学的核酸检测出来了，是阴性。我们也商量着有意避开密集人群上下班，通勤方式从公交改为了骑车。好在疫情没有更大规模地暴发。就在实习仅剩三天时，晚上我们突然接到学院通知所有实习改为线上办公，突然想到我们的办公用品还散乱在工位上，还没来得及向公司的同事们告别，也没有留下一张与我相伴数周工位的合照，至此就草草结束了我们略带波澜的实习生活。

实习单位周边环境

这次实习带给我的体验很丰富，但更多的都归于平淡，在鼠标一下一下的敲击中，汇成线条，绘在了图纸上。虽然疫情的突袭压缩了我本就短暂的实习，但也为平淡似流水的实习生活添了一抹色彩。愉快而充实的时光一向都是匆匆而过，这次也一样，但是我在这里学到的专业技术和养成的绘图习惯不会随之忘记。公司大厦每天都有人进进出出，来了又去，一波又一波，但我人生的 2021 年 7 月 20 日至 8 月 11 日一直都会在那里，那里带给了我对理想工作的所有美好幻想。希望有机会我能再回到清华大学建筑设计研究院，续写我的故事！

杨子馨

清华大学建筑设计研究院

"或许平凡才是生活的本质，但只有自己不失去心中那份对生活的热爱，才会铸就不平凡的人生！"

2021 年 7 月 19 日至 2021 年 8 月 15 日，我在清华大学建筑设计研究院实习。

在这里，我们扮演的角色由学生转变为员工；在这里，我们经历了每天朝九晚五的上班族生活；在这里，我们感受到了脚踏实地的喜悦。近一个月的时间如白驹过隙般转瞬即逝，回想这段时光，是扣人心弦的成长，是刻骨铭心的历练，亦是满载而归的喜悦。

"纸上得来终觉浅，绝知此事要躬行。"没有实践的理论是不深刻的。这次的专业综合实践为我们提供了学以致用的宝贵机会，使我们能够将自己三年以来学到的知识"输出"。实习期间，我在清华大学建筑设计研究院施工图设计岗位，主要负责建筑平面、立面及详图设计工作。

实习期间，我们每天的工作是使用天正建筑软件绘制建筑施工图。在所有图纸中，云溪华庭项目 9# 楼地下一层非机动车库的平面图设计使我记忆犹新。这张图纸的修改次数最多且耗时最长。地下一层平面图设计难点主要在楼梯设计。该建筑南北侧室外地面存在 2 m 左右的高差，要求在地下一层的非机动车库设计楼梯以方便人员自由出入。在该方案中，地下一层楼梯位置与首层楼梯相同且首层住宅类型是复式住宅，因此设计难度较大。接到任务后，我认真查阅了相关设计规范，然后根据自己的理解完成了图纸的绘制。

由于对方案缺乏深入思考、细节考虑不周，第一次、第二次提交后全返工。随后在聂老师的指导下，我反复修改并最终完成了地下一层平面图的图纸绘制。这次经历让我深刻体会到思考的重要性。作为一名建筑设计人员，我们理应秉持负责任的态度，认真思考自己在图纸上画下每一笔的含义，养成注重细节的好习惯。

大学是我们仰望星空的舞台，实习是我们脚踏实地的积淀。步入社会，每天我们不仅要完成繁杂的工作任务，还要面临来自生活等各方面的压力。在去设计院工作的前几天，我怀着极大的热情，期待着人生第一次实习的到来。但随着时间的推移，我们每天都在不停地画图，不停地改图，原本高昂的热情有所消磨。直到有一天晚上，我在公司待到了很晚，发现仍有人在办公室里加班，讨论设计方案。在他们的讨论声中，我听到大家在积极发表自己的见解，共同解决问题，努力完成自己的工作，却没有丝毫抱怨。回去的路上，我想了很久。不能说每个人选择这份工作都是发自内心的热爱，但他们对工作的那份热情不仅仅是对项目负责，更是对自己负责。我应该向他们学习，调整好自己的心态，认真努力地把自己的工作做好！或许平凡才是生活的本质，但只有自己不失去心中那份对生活的热爱，才会铸就不平凡的人生！

这次实习是我人生路上宝贵的经历，让我真正在实践中开始接触社会、了解社会。从中我学到了很多课堂上学不到的东西，增长了见识、开阔了眼界，明白了许多为人处世的道理。我由衷地感谢学校给予我们这次宝贵的实习机会，感谢实习期间聂老师与黄老师的悉心指导与关怀，感谢清控人居大厦918办公室同事对我的包容与帮助，感谢与我朝夕相处的两位小伙伴，也感谢实习期间努力工作的自己。这一切都将成为2021年夏天最珍贵的回忆。在今后的人生道路上，我会带着这份收获更加坚定地面对困难与挑战，相信明天一定会更好！

蔡佳佳

清华大学建筑设计研究院

"学以致用才是真正掌握知识的方法。"

在清华大学建筑设计研究院为期四周的实习给我带来了很多感悟，也极大地提升了我的专业技能，让我对建筑行业有了更为深刻的认识，也为我今后步入社会打下了一定的基础。

初到公司，我的内心充满担忧，但是随着工作的深入，我渐渐明白有一颗想要积极工作的心，想要努力做好的劲，才可能做好每一份工作。清华大学建筑设计研究院浓厚的严谨、认真的氛围深深感染着我。在这四周的实习中，对于建筑施工图的绘制，我主要有两点感悟：一是在实际的建筑行业工作中，规范是十分重要的，图纸上的任何内容都需要参照着规范来；二是在绘图过程中，一定要做到准确以及精确。

我的第一项任务是酒仙桥老干部活动中心修缮工作的平面图绘制，在图纸绘制过程中我严格参照《住宅设计规范》开展相关设计。在第二次的云溪华庭项目中，很有特色的一点是房子南北两边存在 2 m 的高差，且地下设置有一个自行车车库，可以利用南北高差设置一个自行车坡道进入底层。这次绘图让我更加深刻理解到查阅规范的重要性，例如，地下室不能利用与上部相通的电梯间和楼梯间通风，要另外设置通风方式，以及坡道上的扶手设置应查阅规范图集来确定具体样式等。在绘制施工图时，准确和精确是极其重要的。施工图纸上的尺寸量出来一定要和标注尺寸上的数字一致，三道尺寸线（总尺寸、轴线尺寸、细部尺寸）中每道尺寸线都必须是一道完整的尺寸线，且三道尺寸线是缺一不可的，这些小细节规范了我从前绘制图纸时的不严谨之处。

这四周的实习生活，说长不长，说短也不短。实习生活是充实的、快乐的，每天和同学一起上下班，坐在办公室里感受从窗户透过的阳光，感受办公室里绿植带来的活力。我学习到了很多在学校里学不到的知识，真正将学校所学的理论知识有效地运用在了实际画图之中，了解了学以致用才是真正掌握知识的方法。

感谢学校给予了我这次机会，感谢指导我们的聂总工和黄老师，我很珍惜这段实习的时光。当然，我也需要持续学习，继续努力，一步一个脚印，踏实地走好每一步。

杜依卓

北京土人城市规划
设计股份有限公司

"所谓新鲜感，或许就是在每天的学习和生活中，学会保持积极的心态，设立一个个小目标，做好身边的每一件小事，达成属于自己的每日成就，寻找让自己平凡的生活变得有趣和有意义的方式。"

记得某天陈工叫上我们两个实习生讨论完工作上的事情之后，大家开始聊起实习的感受和体会，那好像是第一次陈工有时间和我们闲聊。陈工一脸认真地说："如果我布置的工作你们做着发现不喜欢或者不适合，可以跟我说，我们可以随时调换，毕竟实习嘛，还是要多尝试，找到自己喜欢和适合的工作。"我一开始有点诧异，带教老师还会说这样的话，普通的实习生难道不是领导说什么就做什么，只要不添乱就好吗？后来我才慢慢理解他的意思，不论是在工作中还是在生活中，都要保持"新鲜感"。

我所在的土人设计（北京土人城市规划设计股份有限公司简称"土人设计"）五院一所，有位比我大不了几岁的同事，平常我们都叫他南哥。每天下午吃水果的时候，经过他的工位都能看到他的电脑显示器里复杂的 CAD 页面，以至我曾经一度怀疑，南哥是不是我们一所专门负责画图的。项目正式开始，大家集中在一起分任务的时候，陈工让他在文字工作和规划底图中选一个，南哥毫不犹豫地选了做底图。做底图其实是个有点枯燥又机械的工作，就是把一块区域内的地图放大到能看见比较细致的道路、植被和水系，然后再一块块截图拼在一起，这种简单的机械性工作通常是给实习生做的。后来我问他，南哥说："我天生就是块画图的料，别的工作不适合，而且画图也很有趣呀。"

在我看来，陈工和南哥就是截然不同的两种人，陈工喜欢拓宽思路，尽情发挥思考空间，对项目定下基础方向；南哥则是专心画图，即使反复作业也不会厌烦。但他们这截然不同的两种人却在工作中践行着同一个理念，就是维持"新鲜感"。在实习期间，我常常会因为陈工随时随地的侃侃而谈和有条不紊的思路节奏而默默赞叹，也常常会因为南哥了解众多的画图、修图技巧而感慨自己技术的不足。

想要维持对工作的新鲜感远不止一种方法，可以像陈工一样不断跳出自己的舒适区，在不同的项目中发现每个项目地块独有的特点；也可以像南哥一样找到自己喜欢的工作方式，设立一个个小目标，在一个方面日益精进。

所谓新鲜感，或许就是在每天的学习和生活中，学会保持积极的心态，设立一个个小目标，做好身边的每一件小事，达成属于自己的每日成就，寻找让自己平凡的生活变得有趣和有意义的方式。

我觉得实习的意义其实不在于学到多少知识或者多少技能，而在于从这些平时无缘遇到的人身上找到值得我学习的处事方式，把我变得更像理想中希望自己成为的样子。学习知识很容易，学习怎样做一个自己想成为的人却很难。

实习单位留影

以上是我实习期间一点小小的体会，感谢陈工、南哥和其他一所同事的帮助和指导，和他们在一起的这段短暂经历，会成为我未来不断唤起的记忆。

刘 青

北京土人城市规划
设计股份有限公司

"虽然城市设计日渐趋于饱和，但是因其美感与严谨共存，我仍为它着迷。"

北京土人城市规划设计股份有限公司，是由俞孔坚于 1998 年创立的。对于其他设计院或公司来说，算是"年轻的小伙子"，是做景观规划起家，因此在景观设计方面有一定优势。

在土人设计的一个月里，我对自己的评价是：安逸，但也有收获。在技能方面的提升一般，但对投标流程、待人处世等有了一定了解。以下我将大致分为个人工作、景观所工作、感想三部分阐述我的所感所想。

我有幸跟进了土人设计三院景观所投标的大理喜洲镇田园综合体项目。由于招标时间紧迫，因此老员工们不太敢让我参与画图。在此期间，我就负责帮忙寻找田园综合体的案例，国内外最有名的案例有田园东方、美丽南方、五彩田园、美国 Fresco 农业旅游区、意大利 Fico 旅游区等，还有一、二、三产业融合的特色案例；我参与了几次会议讨论，梳理用地及生态红线，合了一次图。我最接近绘图的一步是用 CAD 完成喜洲 8 个村镇合图，以及插入底图操作。通过这些工作，我了解了用地类型等概念。当然，如果能用有专项爬虫技巧及一台运行快的电脑，必然能在完成工作时"如虎添翼"。

会议讨论是我了解项目进展及思路的重要来源。在这里有大理田园综合体及旅游业关系的探讨，有生态防护的对策，还有梳理甲方各项问题的讨论。

此外，在听取一次关于 BIM 的讲座时，我也颇有触动。

本所的工作进度为：实地勘测→问题梳理及解决、定位等细节→手绘粗稿→终稿→PPT 汇报文件，从而解决如生态、一产、文化、IP 打造、空心村问题等。其中，有三个细节比较有趣。一是在项目推进过程中，重新定位此项目为"世界级"田园综合体，在格局拔高后，所里找到其发展世界自然与文化双遗产的潜力，其中大理市早在 2013 年就拥有了"大理风景名胜区——苍山自然与南诏文化遗存"的国家双遗产认证，且喜洲白族文化历史悠久。二是田园综合体有三大板块"居住+文旅+农业"，虽说田园综合体主要是为当地农民致富而生，但喜洲有望成为一个旅游胜地，蓝天白云、景色宜人。三是实地勘测相片需要 GPS 定位，"六只脚"App 功不可没，它原是徒步登山探路、循迹用，用它记录拍照位置对我来说倒是新鲜。

接下来讲讲这里的环境。景观所最吸引人的是满屋子的绿萝盆栽，或从柜子上垂下，或立于桌上。白净明亮的桌椅搭配一簇簇的绿，令人心情愉悦。靠走廊墙面贴有大大小小的规划手绘。桌上摆有不同的贴面装饰。人文环境也不错。每日有水果下午茶，分配送水果的人名曰"水果使者"，其中西瓜最可口。最后一天恰巧有同事生日，留下来蹭了一块蛋糕。除了工作外，和同事相处融洽。自上大学以来，我第一次用到了咖啡机，尝试咖啡豆磨出的原味苦咖啡。

土人设计给我揭开了规划类工作的一角。也许是因为还没有入门，连手绘、计算机绘图、专门知识都了解不深，我还没体会到其中的烦琐与重复。我看到更多的是设计时化零为整的美感、集"勘测+查资料+手绘"于一体的有趣。土人设计处于上升期，还有很多不错的发展空间，在向上看齐的同时，相信它的发展越来越好。即使城乡规划不是主流专业，虽然城市设计日渐趋于饱和，但是因其美感与严谨共存，我仍为它着迷。

新能源
与环境工程篇

刘倩如

中粮营养健康研究院

"坚持学习、直面困难、勇敢应对、抓住细节。"

时光飞逝，仿佛初入大学还在昨日，我们马上就要走进社会，进入职场。很荣幸学校、企业给我提供机会，让我去中粮营养健康研究院实习，体验研究院的科研职业生活。

每天上班都是充实的，我6：50左右从学校出发，8：30左右才能到达工作单位，做一些准备工作，9：00正式开始办公。在每天的地铁上，我看到了真正的首都早高峰通勤。匆匆忙忙赶路的人，各个年龄段的都有，我看到有人在通勤的零碎时间还专注于学习，读书或看网课，他们给我留下了深刻的印象。学习就像逆水行舟，不进则退。在这个不断发展进步的时代，要想不落在社会后面，就要不断学习，不断充实、提高自己。

我这个月的工作涉及范围较广，辅助生产实验以及相关文字工作都有所涉猎。在实验中，我了解了相关的专业背景，拓宽了知识面，提高了动手实践能力。而且，在老师带领我参与一些科研项目的过程中，我了解到了真正意义上工程素养的含义，以及其实际应用的情景。实验过程中，不可避免会出现各式各样的问题，阻碍项目的推进。每当面临这种令人烦忧的时刻，老师们总能积极应对，沉下心来去认真分析问题，从各个角度出发，利用可用的资源去寻找相应的解决方法，并且不断汲取最新的知识。反思过去的我自己，在遇到一些科研上的困难时，会不自主地去回避问题，而没有树立积极向上的态度去应对问题。这段时间在协助老师们工作的过程中，我真正领悟到了"只要思想不滑坡，办法总比困难多"的含义，要勇敢地面对问题、积极主动地去解决问题。山就在那里，不会过来找你，需要人走过去，爬过山。而翻越山后，就会发现有些困难其实并不值得一提。

在实习过程中，我印象最深刻的一件事是跟随指导老师进行合成有机高分子材料的实验。实验本身并没有什么独特之处，引起我注意的是一些操作的细节。在学校的 urp 项目经验给了我很大帮助，这次实验也加深了我对仪器保护以及合理操作、注意细节进而提高实验精度的认识与理解。细节决定成败，不拘小节有时候会带来不可挽回的大错误。在日后的学习、工作中，我要始终抱着精益求精的态度，既要专注于整体，也要顾及每一个细节。

实习期间参与实验留影

坚持学习、直面困难、勇敢应对、抓住细节，这些可以概括为我实习以来的收获。从踏入大学校园到现在，似乎什么都变了，但实际上什么都没变。我最开始希望的，无外乎是自己"背起行囊走四方"，怀揣着梦想、勇于坚持，勇敢地踏上一个又一个全新的旅程。感谢学校以及企业的各位老师给予了我这样一个宝贵的平台，让我在这样一个人生转折的关键时刻能重现多年以前的初心，能带着信念走向前方。

刘奕佳

中粮营养健康研究院

"在学校学习到的知识如何应用到实际工作中，工作需要的能力又该如何在校园的学习生活中培养，这些都成为了我思考的问题。"

能有机会在中粮集团营养健康研究院研发系生物技术中心实习，我感到十分荣幸。这一个月，我收获丰富，感想颇多。

这次实习让我提前了解了职场生活中的乐趣与辛苦。我的心智变得更加成熟，我懂得了学习的意义和肩上的责任与重担。我更加珍惜现在的校园生活，更加珍惜现在的学习机会。

在为期一个月的实习过程中，我积累了不少经验。首先，在态度上，我们必须要保持严谨认真的工作态度，要保持心平气和、不骄不躁，遇到问题多开动脑筋，或者求助同事，这也不失为一种好方法。其次，在工作中虚心听取他人建议，认真执行老师布置的任务。最后，在人际关系上，我们要服从领导指挥，尊重领导，与同事友好相处。

我的实习过程并不是一帆风顺的，但这也让我思考并有所收获。首先遇到的一个问题就是，上班通勤在一定程度上打乱了我长期校园生活的学习节奏与作息规律，也降低了我的工作效率。其次便是工作中体现出来的问题：一是信息检索能力有待提升；二是由于工作经验的匮乏与思想观念的松懈，提交一份合格的工作材料需要经过反复修改。然而工作经验是一项水磨工夫，需要不断在工作中磨炼与积累。

此外，校园生活与实习阶段职场生活的反差一时让我难以适应，也让我感到困惑。在学校学习到的知识如何应用到实际工作中，工作需要的能力又该如何在校园的学习生活中培养，这些都成了我思考的问题。

谢江凤

北京盈和瑞环境
科技有限公司

"一个成功的实习生，应牢记实习生的身份，也
要忘却实习生的身份。"

转眼之间，紧张而有序的学习生活，丰富多彩的校园生活，还有许多今生难以忘怀的良师益友，这一切已是昨日。想想自己虽然已是步入社会的年龄，但感觉还是像小朋友一样稚气未脱，从而由衷感叹时光如梭。

实习是一个学生走进社会的过渡阶段。在我看来，一个成功的实习生，应要牢记实习生的身份，也要忘却实习生的身份。之所以要牢记，目的是学习，这也是职责之在。因而，务必要主动争取机会，多做、多思考。而忘却则是因为在公司也算是半个员工了，并且公司还发工资，只有把自己当作是正职人员来看待，从心态上端正自己的态度，才能在实习期间有更大的收获。

这次实习印象最深的应该属于不在实习计划之内的人生第一次出差了。办公室姐姐在出差的前两天问我要不要跟她一起去，领导不允许一个女生单独出差，我当时想了一下随后同意了。

7月26日我们从公司驾车出发，5个小时后到达晋州创洁公司。旅途劳累后没有休息，而是马上投入到了工作中。我为什么印象这么深呢？那天晋州温度挺高的，室外温度30℃以上，工厂里面至少有40℃。我们的任务是去厂房里面一一核对搪瓷板、平开板的数量。一张板的价格大概根据规格和质量在几百元不等。有时候数着数着就忘了数到哪个数了，只能从头再数，那会儿脑子里只想快点数完当天全部工作量，因为高温的环境实在有点适应不了。

炎炎夏日，灼热的工厂里，我们的身影不停地忙碌着，汗水大颗大颗地往下流。车间里还有几位工人在工作，每天相同的工作环境，重复的工作内容，大量的体力劳动，对于他们来说可能已经习以为常。他们已过中年，没知识、没文凭，也没有太多的选择，生活的压力让他们不能轻易喊累。

在晋州待了3天，完成了任务。最后一天阴雨绵绵，就如我们一样，累得软绵绵的，毫无精气神了。返程途中还遇到了大暴雨，一路都小心翼翼地。真是一次难忘的体验。

我明白自己除了浅薄的理论知识之外，经验与阅历尚浅。读万卷书，行万里路，这些还需我在以后的工作和学习中不断提高！

木丽迪尔·克孜尔克力德

北京盈和瑞环境科技有限公司

"每天始终怀着一颗感恩的心，你会发现自己已经在锻炼中变得勇敢、坚强、豁达。"

回顾一个月的实习经历，我受益匪浅。在这段时间里我拾起所好，做很多自己想做但平常又没有时间做的事。满满当当的实习生活，快乐又充实。很多大学生都会选择抓住机遇，做一些社会实践活动，走进社会，锻炼能力，增长见识，何乐而不为！专业综合实践更偏重应用，更加细致，要求也更加严格。在这次实习中想得多、做得多、看得多、说得少，获得的感想和收获很多，我自己也悟到了一些东西，包括学习、生活、工作各个方面。

学习方面，作为将要毕业的我们，要想找到适合自己的工作，在实践中实现自己的理想，必须不断地提升自己的能力。短暂的实习过程中，我深深地感到自己所学知识的肤浅和在实际运用中专业知识的匮乏，刚开始的一段时间里，对一些工作感到茫然不知所措，经常只能干站着看他们忙活却什么忙都帮不上，这让我感到非常的失落。一旦接触实际，才发现自己知道的是那么少，这时才真正领悟到"学无止境"的含义。

生活方面，这次实习，真的过得很快。实习不仅是学习，更多的是体验生活。专业综合实践向我们展示了各个不同行业的人们如何生活，不同行业的人们如何将工作融入自己的生活，这些向我们展示了未来的生活远景，选择什么样的生活也是我们此刻最重要的抉择。

工作方面，踏入工作岗位后，首先需要学会主动。领导交代的工作，要灵活处理。遵循一个基本的原则就是，大方向要请示领导，小方向可以自己灵活把握。举个例子，有次王工交代了统计合格率，给了我一大堆纸质版文件。我要做的是，将纸质版上的内容做成 Excel 表格，计算出合格率。他先给我做了示范，又详细讲解了一遍。当时的我认为这是很简单的事情，没有仔细听，只顾着点头了。后来动手做的时候发现，看着简单的文件整理，还需要去了解产品。花了很长时间自己琢磨无果，我鼓起勇气再次请教王工后，才加班完成了任务。这让我更加理解在拿捏不准的时候还是需要去主动沟通的，这样可以提高工作效率。此后工作，我都预先确定最后的效果，遇到问题及时沟通。这样既避免了无效的沟通，又提升了效率。

在实习过程中，我渐渐地认识到，每一份工作或是每一个工作环境都无法尽善尽美，但每份工作都有许多宝贵的经验和资源。每天始终怀着一颗感恩的心，你会发现自己已经在锻炼中变得勇敢、坚强、豁达，这样的你已是在成功的路上不断前进了。

陈鸿绪

国峰清源生物能源
有限责任公司

"用学科交叉的视角看待问题。"

　　2019—2020 年，也就是在这次实习之前，我已经经历了两段长期的实习。本次专业综合实践虽然不是我的第一段企业实习经历，但绝对是令我最为难忘且受益最大的一次。前两段实习，我主要的任务是按照公司部门的要求，开展与专业相关领域的工作或实验。也就是说，当时的工作主要被限定在一个框架里，没有太多发挥的空间，且工作内容较为专一，强调单一技能的培养。然而，本次专业综合实践，我作为国峰清源实习小队的领队，和成员们一起探索并设计一个独立的项目，也被工作人员亲切称呼为"项目经理"。在灵活宽松的企业文化下，被委以重任，组织并开展基于液态阳光技术的"食物-能源-水"案例设计。的确，阳光也可以液态化哦！这也是企业目前真正意义上在创新的一个项目，资深员工们也没有经验，需要不断探索。因为我们完成的是一个完整的产业案例，包括生产技术、产业落地和社会经济学政策等。这需要将专业所学和经济学课程融会贯通，精准定位每一个知识点，并基于企业视角制订一个相对完整的经营技术方案。

　　实习开始，我主动要求开展对世界能源格局的调查和展望，旨在对世界能源格局和我国为应对能源挑战所落实的行动予以一个全面的认识。同时，开展对生物质和生物质衍生技术的探究，这也为后期独立开展液态阳光项目规划起到关键作用。我充分应用"生物质能源工程"课程所学，倾听企业在实际生产经营中遇到的技术壁垒，并尝试着提出解决方案。随后确定了以广东省广州市为背景的"液态阳光"案例设计方向，确立了基于生物质发酵技术、生物炭应用、光伏发电、电解水制氢、甲醇储氢释氢等诸多环节的联结关系，给整个产业链齿轮的转动提供第一加速度，具体内容也体现了当下"碳达峰碳中和"的先进理念。此外，在实习中创新性提出将经济学课程中面板控件残差模型迁移到生物质产量估算的问题上来，将"农业生物环境原理""农业生物环境工程""设施栽培学基础"课程中的动植物积温、生产要素环节等方面的知识融入案例设计中，并将"建筑环境"课程中量化感知性参数的方法应用到数据回归中，这里需要用学科交叉的视角看待问题。这一个月的实习，收获满满。庆幸这次实习，我可以近距离地感受到环境和能源领域的青春活力，从而也坚定了志向，希望今后在这个领域有所作为。

向企业负责人做首次汇报后合影

实习期间正逢雨季，由于通勤时忘记带伞被雨淋，以及乘坐地铁吹风导致着凉，经历了重感冒和咳嗽，难以入眠。但是在所从事项目的挑战性、努力实现既定目标的坚定意志和领域专业魅力的感召下，我还是坚持高效率、圆满地完成了本次实习。这次实习磨炼了我的意志，同时成功将不同专业课程的知识融会贯通，为我后期的毕业设计和未来深造提供了直接有效的启发。

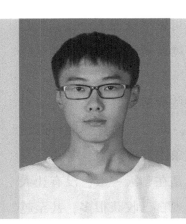

林海龙

国峰清源生物能源
有限责任公司

"那次汇报让我印象深刻。"

　　8月9日是一个令我印象深刻的日子，上个周五已经推迟的汇报到了周一才姗姗来迟，时间又是那么恰好，这次公务繁忙的李锐总经理正好能够抽出时间来听我们汇报。这让我们内心欣喜的同时也微微有些紧张，欣喜的是能有机会在李总面前汇报展示，但也有些担心最后的结果不能让人满意。在汇报的前一刻还在胡思乱想，但是轮到自己的时候，就马上丢开这些想法，专注于当天汇报的内容——海上风电。

　　这些内容其实自己早已了然于胸，但是能不能在这个关键的场合自然流畅地表达出来那又是另外一门技巧。我从海上风电发展的政策开始说起，然后是相关的技术政策，最后到产业的链条，整个过程李总似乎也在一旁思考着，并没有说什么，他只是点了点头。等我讲完以后，李总才开始点评，先问了我一句，什么是弃风？我当时愣了一下，确实汇报里提到了弃风，但是弃风的定义我并不了解，当时只给了一个模糊的回答。李总说，因为风电场是依靠风电机将风能转化为电能，但是风速需要达到一定的值才能满足开机条件，而风速又是不稳定的，所以就会产生弃风现象，舍弃一部分低风速的风。回想起来，当时李总也是非常照顾我的面子才没有点出来，因为当时没能解释清楚什么是弃风。李总似乎是看出了我当时的尴尬，他笑着说，你提到的跨省输电解决国内风能资源不平衡的问题想法是非常不错的，包括提到的一些技术如超导技术。然后接着鼓励我，说其实可以继续深入一点，如超导无线输电是有距离的，距离越远成本越高，距离越近所需要的装置数量越多，怎样平衡两者的关系呢？可以继续研究一下。

接着，后面又和我聊起了他对于风电行业的一些理解，甚至还讲述了自己曾从事过海上的工作，所以对这个有一定的了解。对于一些耳熟能详的话题，李总更是娓娓道来，汇报过程中的气氛没有想象中那么严肃，不是说身居高位就面无表情，李总在点评时给人的感觉就像是在聊天一般，没有让人紧张，甚至还能照顾到你的情绪。听着他的话语发现自己收获很多，甚至越到后面越放松。最终，李总给予了我们肯定的评价，事后也有同事说李总平时眼光还是比较高的，一般都不会直接说好，但是这次却说非常不错。这个结果让我们整个小组非常意外和惊喜，能够达到李总的要求也不枉费这两个星期的工作。同时对李总能抽出时间来听这次汇报我们也很激动，这也是给我印象最深的一次汇报。

王子豪

国峰清源生物能源
有限责任公司

"即使在学校学得再好，终究还是需要经过社会的检验才行。"

实习可能是每一个大学生都会有的经历，正所谓"纸上得来终觉浅，绝知此事要躬行。"经过大学三年的学习，我们对专业基础理论、基本方法都有了一定的掌握，但这是否能够经得起实践的考验，就需要通过参加实习来验证了。而在这一个月的实习过程中，我受益良多。

我所在的实习基地是国峰清源生物能源有限责任公司，与我们专业的生物质能方面关系密切，我们小队对这家公司充满兴趣。在实习中，尤为感谢公司为我们提供的支持和帮助，各位领导对我们都十分宽容，面对我们的失误，他们能细心指出并且耐心指导我们修改。正是在各位领导的帮助下，我才能很快地适应公司的节奏并且学习到了许多的知识。

在刚开始实习的时候，我对于早起通勤很不适应，拥堵的早晚高峰总能让人心情烦躁、身心俱疲。通勤的不适应让我对工作也打不起精神来，但坐在我正对面的杨旭经理对我关怀有加，屡屡叮嘱我要休息好，养足精神，不要损耗身体。得益于杨经理的亲切关怀，我开始逐渐适应公司上班的节奏，工作效率也大大提升。事后想来，这种生活本就是现在上班族每天都惯常的，我们作为中国农业大学来实习的学子，已经得到了很多关照，如果连这种累都受不了的话，日后真正踏上社会，又如何适应现在快节奏的生活呢！

我们在公司的工作是搜集整理资料，每周向领导汇报。我在第一周是负责整理光伏发电方面的资料。第一周的汇报表现并不算好，我做的 PPT 仍然保留着课堂展示的风格。杨经理在听取了汇报后委婉地指出了我的问题，因此我收获良多。不过这次汇报也让领导充分了解了我们的水平，于是提出了更进一步的任务，让我们尽可能详细规划出关于液体阳光的项目。高难度的任务激发出了我们的热情。这次任务中，我负责液体阳光中制取氢气的内容。我选择了之前就有所涉猎的光伏制氢。经过了两周的不懈努力，我们的项目初步成形，因为知识面的狭窄，项目问题很多，但我们在项目中呈现出的奇思妙想也让包括李锐总经理在内的诸位领导大加赞赏。这让我的情绪十分高昂，觉得不负此行。只是令人惋惜的是，因为新冠疫情的原因，第四周的实习刚开始就匆匆结束，原本我还希望能有一个圆满的结局，能让我们向领导展示一个月来的成果并正式告别，最后都只能作罢，只能在微信上向各位领导献上真挚的感谢，同时与公司告别。

国峰清源给我留下了深刻的印象，宽松的工作氛围、良好的工作环境，还有美味的饭菜都让人十分留恋，连奥运期间中午播放的比赛都一样让人难以忘怀。短短一个月的经历，已让我对这家企业充满好感，多么希望以后我工作的地方也能有这里的氛围。

一个月的实习已经落下帷幕，我初步有了步入社会的感觉，对学与行有了更深的领悟：即使在学校学得再好，终究还是需要经过社会的检验才行。希望这一次的实习，能够让我们的明天更美好！

徐佳涛

国峰清源生物能源
有限责任公司

"通过这次实习，我了解了清洁能源行业，特别是氢能源产业的发展现状。"

7月19日，我们来到北京国峰清源生物能源有限责任公司进行为期四周的实习，在杨旭经理的悉心指导下度过了充实而富有收获的实习时光。在实习期间，我们还受到了李总、杨总、一丹姐、玉斌哥的指导和一些实习事务上的协助，深表感谢。

公司工作环境好，工作氛围比较轻松，实习期间我们进行了两次汇报，均围绕当前清洁能源产业发展现状和未来发展趋势进行了深入调研与思考，我对清洁能源产业发展现状、市场情况和生产技术等有了更清晰的认识。

在目前的清洁能源生产中，"弃光弃风"现象普遍存在，如果能利用这部分不能并入电网的电能进行分布式储能，将有效提高能源利用效率，推动碳减排事业发展。清洁能源生产中，大规模的光伏发电和风力发电由于自然条件原因，常常建设在没有相应消纳能力的欠发达地区，由于生产的电力需要整流等才能并入电网并输送到电力需求大的区域，因此部分"削峰平谷"产生的剩余电能只能浪费掉，这部分电能被称为"弃光弃风"；目前电解水制氢需要消耗大量电能，每制一标方氢气消耗 5 kWh 电，将电解水制氢与不稳定的可再生能源结合，在清洁能源生产当地就能消化多余电力，进行分布式储能、电解水制氢等，这也是被逐渐接受的、成本可控的绿色制氢方式。

根据生产技术发展现状，用电成本占电解水制氢成本的 80% 以上，如果用电价格能够下降到 0.1~0.15 元/kWh，电解水制氢的成本便能与煤制氢相当。

实习期间，我了解了国家能源战略长期规划的一些方向，对"碳交易市场""液态阳光"有了初步认识。液态阳光是白春礼院士等在 2018 年提出的概念，液态阳光指通过清洁能源生产的氢气与从空气中捕集的二氧化碳反应制备的甲醇。鉴于甲醇全生命周期污染以及碳排放最低的优势，这对扩大清洁能源供给、减少污染物排放、维护我国生态平衡、实现可持续发展具有不可替代的重要意义。实现能源格局转型，逐步实现碳达峰碳中和"30·60"目标，探讨建设液态阳光能源格局，都离不开该产业。

通过这次实习，我了解了清洁能源行业，特别是氢能源产业的发展现状，对我国能源转型过程中碳中和战略有了更清晰的认识。

孙 飞

生态环境部环境发展中心

"人生总是会有那么多的不尽如人意，我们要学会去看美好的那一面。"

　　为期一个月的实习转眼间就结束了，在这短短的一段时间里，我和同学廖志宏、生态环境部环境发展中心的老师和师姐一起度过了一段难忘的日子。

　　初见。崔师姐将我们领进办公室，一路上与我们交谈甚欢，得知我们也是中国农业大学的学生更对我们关爱有加；贾老师热烈欢迎我们加入704这个小家庭，并将我们的工作内容做了很详细的规划。在没来到单位之前，我的内心是十分忐忑的，担忧来到新的环境不能适应，担心领导太严苛，担心我不能够胜任工作，而贾老师和崔师姐的热情打消了我的顾虑，让我心中那块冰融化了。

　　熟识。我逐渐适应了工作安排，与老师和师姐打成了一片；也能够克服每天通勤的辛苦，享受着每日美味的午餐。在完成每日任务的过程中，我也遇到过不少困难，但老师和师姐并没有嫌弃我这个实习生工作经验欠缺，而是耐心指导，一点也没有领导的架子。在查阅各省农村生活污水治理文件的时候，贾老师教我怎样用生态环境部官网更加高效地检索；在对土壤污染防治文件进行整理汇编之时，崔师姐与我深入探讨了分类的标准；在对宁夏回族自治区畜禽污染物处理政策文件的编制中，黄师姐耐心指导我对每个文字进行仔细推敲，让我对文件的编制有了更加深刻的了解。

　　让我感触最深的还是各省污水运维表格的制作，这是我的第一项大任务，贯穿到我实习生活的全部。在这个过程中，崔师姐每次有新的想法就会立刻与我交流，然后我继续对表格进行修改。当我遇到不清楚的地方，师姐会及时解答，当意见有分歧的时候我们会努力沟通找到最佳的解决方案。通过表格的制作我了解到了各省农村污水运维成本的基本情况，知道了更多种类的污水处理工艺，学会了怎样将表格做得清晰且赏心悦目。更重要的是，在这个经历中锻炼了我的耐心和细致的本领，让我比以前更加坐得住，耐心地去阅读一份份文件，找到其中有价值的信息，进而对其进行加工处理。中途我想过要放弃，但是我代表的不仅仅是个人，更是中国农业大学的面子，于是我打消了放弃的念头。当我带着学习的心去翻阅文件时，我发现枯燥无味的文字也变得有活力起来，甚至我能够向老师和师姐提出一些关于文件的疑问，当问题得到解决的那一刻，我的内心是无比满足的。

告别。由于新冠疫情的原因，我甚至都没有好好与老师和师姐告别，我们之间连一张合照都还没来得及拍，我最心心念念的出差之旅也中途作罢，这些无疑是遗憾的。但是人生总是会有那么多的不尽如人意，我们要学会去看美好的那一面。在管理所与老师和师姐相处的那段日子是美好的，也是让我终生难忘的，我感受到了老师的和蔼、师姐的亲切以及自己完成工作时的自豪与满足。回首这一个月的实习生活，我发现可回忆的点点滴滴有太多太多，我也惊叹于这短短的几天内我完成了这么庞大的工作量。

我舍不得与老师和师姐告别，或许这样默默离开也是比较合适的一种方式吧。我会牢记老师和师姐的教诲，好好珍惜余下的校园时光，努力学习，争取有更大的机会去选择更好的工作。我会始终将这段记忆铭刻于心。

廖志宏

生态环境部环境发展中心

"犯错被谅解、被理解是多么幸福的事情，这更加坚定了我要脚踏实地、勤勤恳恳、认真负责完成工作任务的决心。"

　　记忆就像一条长长的小河，小河里有一朵朵美丽的小花，它们时时跳跃着，浮现在我眼前。在这次实习中令我印象最深刻的事情大概是第一天进行实习的时候，师姐给我布置了一个任务，让我在网上寻找有关宁夏回族自治区畜禽养殖污染防治的政策文件，我想这是我第一次的实习工作，我必然得兢兢业业、认认真真地完成，以便给指导老师和师姐留下一个好印象。

　　可能就是由于第一次实习而深感紧张激动但又陌生忐忑的心，我错将政策文件理解成了政策文献，结果就因为我理解的一字之差，就让我在网上花费大量时间查找了许多的文献资料、研究论文等，直到最后提交给师姐时才发现问题所在。就因为我的一个小失误造成了第一天的任务基本停滞，既浪费了时间又没有完成任务，我深感愧疚，但是师姐非常善解人意，不仅没有指责我，还很认真地讲述了一遍我需要完成的任务，并且提供给我她们工作中经常用到的网页地址，如中华人民共和国生态环境部官网、中华人民共和国农业农村部官网等，然后让我在余下的时间继续查找政策文件，并且可以顺延到第二天继续寻找相关资料。由于师姐谅解并且悉心指导，我瞬间如释重负，犯错被谅解、被理解是多么幸福的事情，这更加坚定了我要脚踏实地、勤勤恳恳、认真负责完成工作任务的决心。

　　就如屈原《离骚》所言，"路漫漫其修远兮，吾将上下而求索。"所犯的错误就让它只犯一次就好，而且为了不再重蹈覆辙，我会将此铭记于心。正因为老师和师姐的悉心指导、善解人意，后面的工作任务我是越做越熟练，对老师和师姐布置的任务能更好、更快、更准确地完成，在最后一天终于能不留遗憾地给本次实习画上一个句号。

黄佳琳

北京时代桃源环境
科技股份有限公司

"无论在学校还是在公司，都要踏踏实实、一丝不苟地干好自己的工作，并保持求知、探索的精神。"

实习生活转瞬即逝，离开公司和实验站的时候我的内心充满了不舍。回想这四周的实习，我收获了许多，同事们的友好和关照都历历在目。还记得第一天刚到公司的时候，对于一个刚踏入社会一只脚的"小白"来说，是完全新奇而又重要的体验。我谨言慎行，每当有同事与我说话，我都立刻紧张地起身，微弯身体、微笑应答。如老师说的，出门在外肩负的就不仅仅是个人的责任，还代表着中国农业大学学生的素质，所以我更加希望能挑战自己的社交恐惧，勇于和别人交谈，向别人请教，尽快地融入这个完全陌生的团体中去，展现出中国农大学子的精神面貌。

在公司的前几天，我可以说是如坐针毡。因为公司的节奏非常紧凑，每个人都在投入地做自己的工作，旁边的同事有的在和其他公司打电话沟通成本报价，有的在处理污水项目中的器材设备，有的在画 CAD 图纸，有的在做项目设计，工作时间几乎没有人看手机开小差，甚至中途去卫生间的次数都屈指可数。这让写课题论文毫无头绪、进展缓慢的我感到很紧张、很有压力。但是午饭时间和下午茶时间，同事们说说笑笑，又让我紧张的情绪缓和下来。公司每个月会给当月过生日的员工办一个生日会，这让我感到公司不仅有高效的工作作风，还有非常温暖又和睦的集体氛围。也让我想到实验室的周老师对我说的，"好的公司总是会注入新鲜的血液，也必然会辞退不努力、不上进的员工，所以每个人都必须很努力地证明自己的价值。"无论是在学校学习还是在工作中，竞争都是无处不在的，为了理想的岗位也为了能做自己喜欢和热爱的事，每个人都在努力地奋斗着。

经过我的不懈努力，论文也总算有了头绪，通过大量阅读文献，我学习到了餐厨废弃垃圾的理化性质、废弃油脂的危害以及目前使用的油脂测定方法。但是只有理论方面的学习，我还是感到一头雾水，于是卢老师安排我前往昌平的实验站跟随周老师进行两周的实践学习。

刚到实验站的那一晚可谓惊心动魄，由于正值假期，旁边农科院的师兄师姐都不在，偌大的实验站里除了看门的叔叔阿姨，晚上只有我自己住。从实验室出来天已黝黑，走廊里空无一人，这时以前看过的恐怖片场景在我脑海中疯狂回放，吓得我睡觉都没睡踏实。但是逐渐适应之后，我开始爱上了这种惬意的田园生活。做完实验之后，趁着天微亮，还可以在田间散散步，掰个玉米、啃个黄瓜，有一种"结庐在人境，而无车马喧"的感觉。

在实验室我也学会了不少东西，不仅见识到了在文献中反复出现的索式抽提器，还能独立熟练地测定样品的油脂含量。此外，我还学会了使用红外测油仪、凯式定氮仪等，抽滤器、pH测量仪更是不在话下。尽管在操作过程中偶尔也存在一些失误，但我充满好奇心和求知欲，且不断学习，还是得到了周老师的认可。记得有一天下午，我将抽提出的油脂放入烘干箱，但是忽然发现那个烘干箱好像被设置了定时关闭的功能，我也没能调整，又不好意思向老师请教，于是24:00还过去检查它的工作状态，确定完全烘干后才放心入睡。老师得知后，问我为什么不直接问她，我如实交代说不好意思。老师语重心长地说道，在以后的工作中一定要不懂就问，这样不仅能减轻自己的工作负担，也能避免一些不必要的差错。

　　通过实习我认识到，无论在学校还是在公司，都要踏踏实实、一丝不苟地干好自己的工作，并保持求知、探索的精神。我也对自己日后的工作有了一定的期待，我更愿意安安心心地做实验、出结果，沉下心来做自己想做的事，也希望自己以后能在农业方面有所建树。

动物环境工程篇

周泽晨

北京京鹏环宇畜牧
科技股份有限公司

"如果有来生，要做一棵树，站成永恒。没有悲欢的姿势，一半在尘土里安详，一半在风中飞扬；一半洒落阴凉，一半沐浴阳光。非常沉默，非常骄傲。从不依靠，从不寻找。"

　　"橐，橐，橐"，青砖铺就的人行道上，鞋跟敲击着，泛起一朵朵花，这一洼积水还未复于平静，雨滴紧接着，又落了下来，将水面的倒影，荡开，漾开。雨水啪嗒啪嗒，落在叶子上，砸在地面上，像一头巨兽在饕餮，蝈蝈收拢了尖叫，熬着时光，倒是喜鹊显得不解风情、不谙风韵，自顾自地啁啾。"橐，橐，橐"，脚步声渐渐碎在雨声中，过了一个十字路口，脚步的主人就与我们分道扬镳了。这阒静无人的大街上，一把灰伞遮挡下的身躯，若隐若现，在目力所及的范围里，渐行渐远，渐行渐远。

　　"那前辈也真是有趣，他说的话总能意想不到地戳中我的笑点。"

　　"确实，不过为什么看这背影，略显落寞呢？"

　　这一生啊，再平淡，也还是要添点酸甜苦辣咸的，不然老来卧床，回忆里只有无风无浪的时光，该多悔恨啊，毕竟，生活不是你活过的样子，而是你记住的样子。办公室的生活更是如此，一日空对荧幕，神乏力竭，若少了同事间的插科打诨、嬉笑怒骂，就成了一池死水，幽气森森又危险重重。前辈们也深谙此道，所以，总是将办公室经营得和气满满、其乐融融，每一片飞进办公室的阴霾，都会被染上幸福。每天上班点卯前、午休时、下班前，大伙都聚在一起谈天，谈起天来天很大，讲起地来地很广，有家的聊孩子、聊伴侣，没成家的谈八卦、谈形势，讲得乐不可支，笑容攀上脸颊，就不舍得下去了。

一俟下班，道了别，就作了投林鸟，各奔东西了。毕竟下了班，时间就是自己的了，就该想想明天，想想眼前的苟且，想一些令人伤心的事了，而人前的惺惺作态也可放下，回归一个真实的自己。那一切的郁闷、烦恼，在白天，是被锁在心里的，是谁也无法打开、无法触碰的，而黑夜是最合适的钥匙，它静悄悄地，挨家挨户地，打开桎梏。深夜床头的互诉衷肠，或是埋头孤枕暗自垂泪，都是它放出的魔鬼，无情地撕咬着夜。

不同于涉世未深的我们，办公室的同事们，都擅长在自己的周围立起一道藩篱，将邪的、恶的阻挡在外，这是十余年工作造就的。这里的每双眼睛似乎都深不见底，每每对视，那一对眼睛想要将我的目光吞噬，从那眼神中，我看到了倾诉的欲望，悲伤的涌动，却好像缺少了什么。大概是表达的冲动吧。相较之下，我们则显得天真了许多，喜与悲时时刻刻写在了那张成熟却又未脱稚气的脸上，而笑是肆意的，哭是热烈的，目光也是浅浅的，一眼就望得到底。

出于好奇，也尝试去思考这之间的门门道道，但奈何就像一颗刚刚吐绿的种子，要求幻想自己百年以后的葳蕤一般，毫无头绪可言，也就只好凭借自己的浅薄阅历，做一次浅薄的猜测。公司的经营向来讲究，铁打的工作，流水的员工，谁也不知道身边的同事明日是否还在。而每每有了知心的伙伴，却总是出现变故横生的多事之秋，一份情，未至热烈就轰然坠下，无数次的分别将积聚的情感粉碎，散在风中，心就慢慢变得坚硬。

或许，世上并未有真正的感同身受，每每你的悲伤落地，往往只能换回一句"看开点""生活就是这样的"。情感的爆发总是需要一定的环境、条件，缺乏了供养的丰腴沃土，再热烈的情感也只能像沉在海底的石头，无时无刻不被冲刷着热情。很难奢望听故事的人能代入到故事中去，每一个故事都是有一个生命独享的，它可以相似，但绝不会重复。而有些时候，遇人不淑，故事便化作了谈资，上了餐桌，流向四野，待到自己发觉时，早已被他人嚼碎，咽进了肚子。久而久之，就给自己周身垒起了一道又一道墙，渴望以此抵御那明枪暗箭，渐渐地，也就只剩下了自己。

　　行至结尾，附上三毛的一段诗，"如果有来生，要做一棵树，站成永恒。没有悲欢的姿势，一半在尘土里安详，一半在风中飞扬；一半洒落阴凉，一半沐浴阳光。非常沉默、非常骄傲。从不依靠、从不寻找。"也希望大家可以在孤独中肆意地绽放。

张千陶

北京京鹏环宇畜牧
科技股份有限公司

"这次实习的经历，让我对未来生活的预期更加清晰，也让我认识到了和专业人士的差距。"

2021 年 7 月 19 日至 8 月 10 日，我在北京京鹏环宇畜牧科技股份有限公司的工程设计院进行实习。

我们每天 6：50 就要出门，8：20 左右到达公司打卡，16：50 就下班，加上中午的午休（往往长于规定的一个小时），工作时间是很合理的。

我们实习的内容以奶牛场的工艺设计为主，从总平面图到平面、立面、细部设计。我们在公司同事及领导的帮助下进行了初步的设计、绘制工作。锻炼了我们的画图功底，我们对奶牛场工艺设计也有了更进一步的了解，和我们之前课程设计的内容正好无缝衔接。

工程设计院的同事们都非常热情、随和、善良。我们有什么问题，在微信群里问，他们总会亲自到我们的工位上来手把手地教我们操作。和同事们的日常交流中，发现他们有的幽默风趣，有的循循善诱，有的雷厉风行，每个人都有自己独特的闪光点。设计院的经理是一位相当有资历的优秀领导，他首先有非常丰富的工作经验，同事们有什么设计上的问题，最后实在没办法，都会去找经理，而且往往都能得到解决。经理同时也总管设计院里进行的所有项目的进度，安排每个人的工作内容。副院长是我们的学长，同样也有非常丰富的工作经验，很多项目的设计也都是由他决定和负责的，他也是负责我们实习内容的对接老师，对我们亲切随和，做事一丝不苟，同时又充满热情。另一位和我们对接的张老师也充满热情，他会提前问我们面对工作内容是不是有压力，主动帮我们解决软件上的困难，我们有什么问题也会很信赖地向他寻求帮助。人事部的晶姐是我们接触的第一个公司员工，对我们非常友善，也向我们分享了公司日常生活指南。

这次实习非常充实，我的收获也非常多，希望我以后工作的公司里面也能遇到这样的同事。这次的实习经历，让我对未来生活的预期更加清晰，也让我认识到了和专业人士的差距，而这次实习的补助也让我第一次考虑自己的产出到底可以换来多少报酬这个问题。总之，现在的想法是我继续前行的动力。

刘运颖

中博农畜牧科技 股份有限公司

"机会留给有准备的人。"

　　完全没有想到，在我们实习刚刚入职的第三天，正当我们按部就班地熟悉工作时，就有幸经历了公司谈合作的场景。

　　那天上午，事发突然，有一位前辈来找我们，问我们会不会说英语，据说是公司里来了一个外国人过来谈合作，看我俩能不能当个翻译。抱着试试看的心态，我和同学就一起去了。我从来没想到过自己学了这么多年的英语如此快地就要派上用场了，心中既有激动也有忐忑。

　　公司的合作对象是一名来自澳大利亚的李总。李总主要是为一些做畜禽舍建设的公司提供第三方咨询服务。他认为，对于畜禽舍的发展而言，懂得如何管理好畜禽舍远比简简单单建好一个畜禽舍要难得多。对于畜禽舍的建设，他提出了自己的看法，应该按三步走，首先是明确管理模式和养殖模式，其次是设计，最后是施工。对于畜禽舍的建设而言，在开始施工前，就要首先清楚当地的环境，包括气温、降水量等等，不同的地区降水量不同，像河南、河北这些地区容易有洪水灾害，在建设畜禽舍时就应该考虑好排水以及雨污分流的问题。奶牛不耐热，在炎热地区，防止奶牛发生热应激是应当着重考虑的问题；同样在高寒地区，为奶牛调控合适的温度也极其重要。其次要明确牛群的数量、牛群结构比例等等，同时还要考虑到相关环控系统的布置，如污水处理系统等。

　　在他们交流的过程中，通过双方交谈的内容我很清楚地了解到了牧场建设管理的重点，这对于我们未来把控牛舍建设管理会有所帮助。其中很多细节，如污水处理、雨污分流之类的问题都是之前我没有考虑过的。

　　除了在专业内的收获外，我还有一些其他感想，如英语口语的重要性。这次的翻译机会对于我们而言其实只是实习期间的一个小插曲，但如果真的成为上班族，那么这次机会很可能就是被老板发现闪光点的机会。如果能够提前将自己装备好，那么当这样的机会降临的时候，就一定不会错过，并且可以借助这样的机会大放异彩。

杨晓彤

中博农畜牧科技
股份有限公司

"实习是一个查缺补漏、不断扩充专业知识的过程。这个过程并不轻松，但受益匪浅。"

实习期间通过理论联系实际，不断地学习和总结经验，巩固了所学的知识，提高了处理实际问题的能力，为大四的毕业设计顺利进行积累了经验。

这次实习，绘图能力有了较大的提高，掌握了 CAD 快捷键的使用。另外，基于师兄分享的文件以及讲解，对牧场规划设计、牧场现有实用环保技术以及低碳发展模式有了进一步的了解。在实习期间完成了 5 000 头规模化奶牛场的规划，牛舍的工艺布局设计，牧场关联建筑单体的平面图、立面图、剖面图等设计工作。学习并完成了师兄交给我们的任务，这是一个查缺补漏、不断扩充专业知识的过程。这个过程并不轻松，但受益匪浅。

首先，在工作中要有良好的学习能力，有遇到问题积极通过相关途径自行解决的能力。因为在工作中遇到的问题各种各样，并不是每一种情况都能把握。在这个时候一定要有良好的学习能力，通过不断地学习从而掌握相应技术。一方面是我们要积极向指导老师和工作经验丰富的人学习；另一方面是自学能力，在没有其他人帮助的情况下自己也能通过努力，利用相关途径解决问题。在实习中，身边都是工作经验丰富的前辈，他们各有所长。遇到问题时，可以抓住机会，虚心向他们请教。"厚脸皮"地向别人讨教一直是我觉得屡试不爽的获取新知识的招数。

其次，良好的人际关系是我们顺利工作的保障。在工作之中，更重要的是同人的交往，一定要掌握好同事之间的交往原则和社交礼仪。最后，时常提醒自己一定要不断扩充知识，同时加强实践，做到理论联系实际。戒骄戒躁，脚踏实地。

经过短暂的实习，我希望在未来努力做到以下几点。

继续学习，不断提升理论素养。在信息时代，学习是不断地汲取新信息，获得事业进步的动力。作为一名青年学子更应该把学习作为保持工作积极性的重要途径。走上工作岗位后，我会积极结合工作实际，不断学习理论、业务知识和社会知识，用先进的理论武装头脑，用精良的业务知识提升能力，以广博的社会知识拓宽视野。

努力实践，自觉进行角色转化。只有将理论付诸实践才能实现理论自身的价值，也只有将理论付诸实践才能使理论得以检验。

实习可能是每一个大学生都拥有的一段宝贵经历，而这次实习的意义，对我来说已不再是完成学分、完成专业实习的任务，而是我们真正在实践中开始接触社会、了解社会的一次重要机会，让我们学到了很多在课堂上根本就学不到的知识，增长了知识，开阔了视野，为我们以后走上工作岗位打下了坚实基础。

最后，感谢学校老师以及企业提供这么宝贵的实习机会，感谢老师们的照顾和关心！

刘 凯

北京国科诚泰农牧
设备有限公司

"这次实习，让我意识到了自己的不足。"

　　这不是我第一次进入社会工作，但这是我第一次如此受人尊重地进入工作。

　　公司让我们跑了很多地方，从北京总部到青州的工厂，从东营建好的牧场到广西正在建的牛场，短短20多天，路费就近3 000块钱了，当然，公司全报销了。

　　在我看来，公司这是在培养我们要有一个广阔的格局，还记得关总和我们闲聊时曾提到，不要给自己贴标签，在真正去工作的时候，就可能始于与自己先前所想完全不同的岗位。这么多天来，我们也接触了很多的岗位，有轻松的，有劳累的，有的岗位我们欣然向往，有的则弃之如敝屣，很多时候我都在想，上了这么多年的学，这笔人生最大的投资到底值不值，如果以后的我最终只能在那非常辛苦的岗位上劳碌一生，那为何不在初中时就出去打工呢。我现在惧怕啊，怕我学成归来依旧是这个样子啊。

　　实习结束了，我们在向公司汇报的时候，我就知道自己糟糕透了。公司是投入了很大心力来培养我的，而我又能为公司奉献什么呢，可能就是这最后一场汇报吧。很早之前我就在计划着该做些什么了，做个视频，做个华丽的PPT，让负责我们的人最起码能享受个视觉盛宴，看一看中国农业大学学子的功底有多深厚；再根据这么多天所见所闻提点自己的见解、看法，希望他们能从我的想法中有所收获。

可是，最后，我只有一篇干巴巴的 PPT，心高手低。从最后他们对我和同伴的评价中，我能明显感受到，我在他们心中的印象可能已经不是那个优秀的人了。

感觉自己确实有太多不注意的地方，如没有改善拖延症，没有保持热情，更是在很多时候因小失大，显得不够细心。与汇报前不安的我相比，准备充分的人能想到更多的细节和更加从容大方。这是在评价我同伴的 PPT，那是一张脏手套、工衣、工帽的组合图片，这些混摆在一起，曾经在现场工地的辛苦被他展现出来了。还记得当时我看到他收拾整理后专门拍照片时的不以为意，我真的是十分难受。这次实习，让我意识到了自己的不足。

扎西达杰

北京国科诚泰农牧 设备有限公司

"在大学里学的不仅是知识,更是一种叫自学的能力。"

"在大学里学的不仅是知识,更是一种叫自学的能力。"当我真正走上工作岗位时才深刻体会到这句话的含义。

除了英语和计算机操作外,课本上学的理论用到的很少,我担任的助理一职平时做些接待客户、处理文件的工作,有时觉得没有太大挑战性,而同公司的网站开发人员就不一样了,计算机知识日新月异,他们不得不自学以尽快掌握新知识,迎接一个一个新的挑战,如果他们只靠在学校中学到的知识肯定是不行的。在工作中我们必须勤于动手,善于动脑,不断学习新知识,积累新经验,没有自学能力的人迟早会被社会淘汰。

说到难忘的工作经历就是一次出差。太阳公公一出来,温度骤然上升,流汗如流水,整个身体基本不受大脑控制,全身无力,而且我和同伴都是偏北方的,南方的潮热天气是第一次接触,很难适应。而工厂里的老师傅们在这种天气下,干活的节奏丝毫不受影响,尽管全身都是汗水,但是他们毫无怨言,继续有条不紊地干着活。当时我俩都想说这么热的天儿,咋不回去歇着呢!突然有一个老师傅跟我们讲到,能够在这样的条件下打工的人都不是一般的人,都是为了生活而拼命奋斗的人,都是为了生活而拼命工作的人,你们年龄还小,可能不懂何为真正的生活压力,当你有了老婆、孩子、家庭的时候，你就会知道我们为什么能够在这样的条件下依然有条不紊地工作，因为生活的压力远远大于这种体力活带来的辛苦。此时我算是了解到了何为真正的压力。

这次实习我最大的感悟就是"精诚所至，金石为开"。不管多难做，做好自己的那一份，总有一天会大有收获，只是时间的问题。但如果你不去做，这一天永远不会像天上掉馅饼那样到来。就像《士兵突击》中的许三多，从泥巴到尖子只是做与不做的区别。另外，人际关系的处理也很关键，虽说在工作中能力必须有，但如果没有同事的合作与包容，你可能什么都做不了。以前可能是因为电视剧看得太多了，我总是感觉职场上充满了明争暗斗，要处世圆滑甚至要些小聪明才能生存。但在与同事相处的过程中，我觉得更重要的是放大别人的优点，缩小别人的缺点，多站在别人的立场上想问题。还有就是坚持的重要性。也许是受《阿甘正传》和《士兵突击》两部影视作品的影响，我觉得，整个人生有因就有果，只有做好身边的每一件小事，才有可能得到善果。针对大学生眼高手低的特点更应重视坚持的重要性。也许我们所不在意的一件小事，就是我们的一个机会。要想长成参天大树就要靠坚持、靠积累。针对助理的职业特点，我觉得遇到挫折时不妨调整心态来疏解压力，并进行冷静分析，从客观、主观、目标、环境、条件等方面找出受挫的原因。总之，通过这些感悟，我不仅明了我会在以后的工作中做得更好，而且更学会珍惜，珍惜每一分辛苦赚来的钱，珍惜每一次工作机会。

王浴潼

北京华都峪口禽业
有限责任公司

"我深深感受到了科研工作者对于工作的高度重视以及严谨的态度，这令我由衷敬佩。"

国家重点研发计划"高产蛋鸡"项目课题绩效评价会原定在河北省行唐县举行，执行院相关工作人员早已做好会议具体安排。然而在我们出发去行唐县的路上接到通知，由于新冠疫情本次线下会议改为线上，当我们3个实习生不知所措时，樊老师已经开始和专家领导进行沟通，确定线上会议时间，返程的这一路他已经安排好了新的方案，这令我感到十分敬佩，樊老师的随机应变能力和高效、认真的工作态度值得我们学习。

最终，线下会议在孵化场会议厅进行，大部分参会人员采取线上会议模式参与。在此次会议中，我负责会议记录以便后续整理会议纪要。在之前我做过一些会议的新闻撰写，但由于会议纪要的特殊性及该会议的高专业性，我必须全程聚精会神听每一位专家学者的讲话。从8：00到18：00，专家、汇报者、会务工作人员全都保持着高度精力集中的状态，我深深感受到了科研工作者对于工作的高度重视以及严谨的态度，这令我由衷敬佩。

同时，在认真听完所有汇报之后，我收获颇多，会议对5个课题汇报进行了绩效评价，就蛋种鸡高效繁殖关键技术、商品蛋鸡高效安全饲养技术、蛋鸡养殖设施和环境控制标准化技术、蛋鸡养殖废弃物资源化利用技术、蛋鸡产业提质增效、转型升级发展模式进行了深入交流与广泛探讨。在听到与自己专业相关的先进技术集成模式时，我十分兴奋，在会后带着自己的思考，认真研究了相关内容。令我印象十分深刻的是陈刚老师的汇报，逻辑清晰、重点突出、多种展示方式相结合，这也是十分值得我学习的。

总体来说，本次"几经波折"的课题绩效评价会让我收获颇丰。

蒋沅均

北京华都峪口禽业
有限责任公司

"最美的是早晨起床开门而入的清爽，最温暖的是身边的每一个人。"

2021年7月，非常感谢学校能够给我们这次机会到北京华都峪口禽业有限责任公司实习。从学校乘车100多千米，终于到达了公司总部。

上午，一进办公室，企业对接负责老师樊院长就给我们简单介绍了公司情况以及部门主要负责工作，樊院长针对我们的实习安排与我们进行了沟通，咨询了我们的想法与需求。稍微熟悉后，樊院长又以中国农大师兄的身份与我们沟通未来职业规划，教导我们应该根据自己未来的职业规划在实习过程以及未来的学习生活中有侧重、有针对性地培养自己的能力。部门的哥哥姐姐也十分热情地招待我们，还有不少中国农大的师兄师姐都让我们感到十分亲切！

生产实习。从学习观察人工收集种鸡蛋、人工授精过程，到帮助栋长给蛋种鸡转群、清理粪坑边缘的残留鸡粪，一天的生产实习让我近距离地接触到了一线蛋种鸡生产现场，也加深了我对专业的认识与理解。经历了一天疲惫又充实的生产实习，我十分感动，感动仍然有不少人奋斗在农业事业的一线，感动仍有那么多年轻人愿意为"三农"事业贡献自己的力量，这也激励了我应该不断磨炼自己的意志和培养吃苦耐劳的精神。

办公生活。记忆较深刻的是协助部门前辈写项目总结发言材料初稿。拿到任务之初，我十分激动，也十分忐忑。最后还是做得不尽如人意，甚至还给部门领导樊师兄造成了一定的麻烦。这也反映出我的一些问题，如不积极沟通、工作缺乏思考等，部门的哥哥姐姐十分包容理解，并没责怪我，我深感抱歉的同时也十分感谢有这次锻炼的机会。开展"高产蛋鸡高效安全养殖技术应用与示范课题绩效评价会"这一天是十分充实的一天。在参与会议记录会议纪要的同时，对蛋鸡产业当前存在的问题以及相应的对策也有了进一步的了解与学习，也认识到想要推动产业发展，需要多方力量精诚团结一起落实完成。十分荣幸能够在短短的实习期中参与这一次的重大会议。

最后谈及下班生活，可以用幸福来形容了。部门哥哥姐姐请我们吃饭，和我们谈大学生活、谈部门生活，有几个瞬间真的感觉自己已经毕业来到了公司工作；下班后到云南来学习的姐姐宿舍煮菜汤、吃零食、看电视剧，和他们一起坐三轮车到地里摘平谷大桃……吹着傍晚的风，看着天边的晚霞与山脉，柔软温暖的感觉会沁入心底。回想起来，公司的实习生活很简单。目光所及，最高的建筑是公司的饲料塔；最美的风景是早晨起床开门而入的清爽；最温暖的人是身边的每一个人。

最后十分感谢能有这样一次实习机会，感谢樊师兄和部门其他哥哥姐姐对我们的包容与指导，感谢童勤老师的牵挂与指导。

高艺峰

北京华都峪口禽业
有限责任公司

"经过短时间的实习，我对行业现状有了更多的了解与更深刻的体会。"

因为新冠疫情给提前结束的实习留下了一些遗憾。但在这短时间内我也体会到了工作是什么感觉，平时上课只有学习任务，就算是参与志愿服务，也没有这样在企业实习的感觉。

在学校我们基本上学习的都是理论知识，很少有实践。而且大多数时候都是照猫画虎，学得不像。书本上的知识照搬到实际就会出现一些问题，我在实习过程中就能感到自身能力的不足，虽然查找了不少资料，但是因为学习能力不强，导致工作进行得比较慢，而且总出现错误，对不同生产方案的利弊了解得也不够详细。

峪口禽业养殖以鸡为主。在蛋鸡、肉鸡领域的学习中，以前只是按照手册标准设计，没有切身感受鸡的养殖环境，如鸡舍里的噪声是不是会对鸡造成影响等等。老式的鸡场改装后仍跟不上时代，从这我想起工程经济课程讲的知识，中修、大修与淘汰的历程。对于一些工业行业来说，固定投资每年必须支出，要不然会被同行淘汰。但是我查了这几年的固定投资属于下降的水平，而且这两年原材料价格、物价和人工费用基本都是上升状态，农业行业利润比较低，同时竞争激烈，这个压力既来自国内的"内卷"，同时更多的来自国外，白羽鸡与种猪的祖代都要从国外进口，不少国外厂商获得高利润。一些关键设备也被国外"卡脖子",如鸡断喙设备,听办公室的师兄讨论过,有些国外设备比国内领先而且想要只能租用,假如经济不景气,鸡场支付不了那样高昂的价钱或者说因为一些原因国外企业退出中国市场,将会导致我们损失巨大。从技术上来说,我们也能做出性能接近的产品,用国产替代进口。从这点来看近年来国内产品也在逐渐进步与国际接轨。同时,我们专业也承担着更多使命,因为专业综合性较强,养殖设备方面能够较好地参与其中。农业环境与工业环境有很大的区别,不少在工业环境比较好的情况下能实现的目标,遇到鸡舍这样相对复杂的农业环境就会出现工作不正常的现象,这给了我们这种复合型专业更多的挑战,也亟待探索解决。

实习中也了解到,蛋鸡养殖规模比较小的企业,在鸡周期的波动下盈利是比较困难的,以前我也读过一些关于行业发展的文章,虽然对比较高深的数据和研究结论难以理解,但能够看出大多数小规模养殖户利润都很低。这也更加说明应当发展规模化养殖。经过短时间的实习,我对行业现状有了更多的了解与更深刻的体会。

陈天琪

青岛大牧人机械
股份有限公司

"在市场大环境中摸爬滚打，享受其中的酸甜苦辣，我觉得这才是我最想要的。"

2021 年暑假，我参加了我们专业最有特色的专业课之一——农建专业综合实践。在这为期一个月的实习生活中，我来到了青岛胶州大牧人机械股份有限公司，投入生产一线，得到了全方位的强化和提升。

这次实习中，我们四位同学是走得最远的组，我们在公司的实习内容与收获主要为：掌握规模化猪场生产工艺流程及单体建筑方案设计；掌握环控方案设计与计算；掌握猪场料线设计与布置；逐一体验仓储车间、注塑车间、电控车间等 5 个车间内的工作，熟悉基本生产流程。

对于行业，我有一些感悟。

首先，对于我所实习的这个岗位，PBU 应用工程师，我觉得这个岗位是完全为农建量身定做的。我们所学的知识完全能在这个岗位上学以致用。但是，似乎这个岗位的工作并没有想象中的那么复杂，并没有蕴含多少创造力。是的，虽然我们从事的是设计工作，但我们每天的工作其实与工人本质上差不多。因为公司已经把所有的设计规范都设置好了。工程师们每天其实只需要按照规范和客户需要设计的猪场规模与地形进行设计就好，很少有创新的空间。在这份工作里，最重要的是规范，而非创造力。这样就会带来一个问题，就是在这个行业中，像我们工程师这样的岗位其实并没有那么不可替代。

真正的核心竞争力是我们参照的规范，而不是我们设计本身。所以在学长学姐们每天忙忙碌碌的身影中，我看到了一丝危机。

其次，我看到了我们行业巨大的机遇。正是因为行业内缺少足够的创造力，所以真正高水平的人才才会显得格外珍贵。像李总一样的博士更是凤毛麟角。因此我也确定了我未来的发展目标，就是首先要具有尽可能高的学历，以高起点进入养猪这个行业，发挥自己的优势。在行业中所承担的角色，我希望是像之前来公司交流的老总们一样，可以不断地创新、尝试。我不太喜欢一直按照规范和经验设计一套一套的猪舍，而是希望可以走到现场去，根据现实需求去创新，去和别人竞争。在市场大环境中摸爬滚打，享受其中的酸甜苦辣，我觉得这才是我最想要的。

杨立东

青岛大牧人机械
股份有限公司

"在工作岗位上一定要勤于思考，不断改进工作方法，提高工作效率。"

　　本次实习，我与3名同学一起前往青岛胶州大牧人机械股份有限公司进行为期一个月的实习，实习期间工作的主要部分是在公司应用工程部进行养猪场的规划设计。此外，也有部分时间参与公司生产车间的工作。在实习期间，我学到了很多在课堂上不涉及的知识。通过本次实习，我对养殖行业有了初步的了解，对专业未来发展方向有了初步认知。

　　除了工作上的技能提高之外，在实习期间，与人沟通交流能力的提升也是十分重要的一部分：在与别人打交道时一定要积极主动。我自己本身是相对比较内向的，不擅长主动和别人交流，在此次实习中我也发现了自己的不足。如在刚开始实习的几天内，我比较怯生，和办公室的几位同事打过招呼后就不敢说什么了。虽说我是担心影响他们工作，但也因为不了解工作环境而不能顺利交流，面对沉默不语的尴尬，自己应当主动与别人交流。介绍介绍自己啊，拉拉家常啊，都会让大家认识你，了解你，对你留下良好的印象，在后来的实习中我能和大家愉快地交流，就是源于自己的积极主动。

　　在工作岗位上一定要勤于思考，不断改进工作方法，提高工作效率。公司的日常工作比较烦琐，而且几天下来也比较枯燥，这就需要多动脑筋，不断地想方设法改进工作方法，提高工作效率，减少工作所需时间。

　　这次实习让我印象最深刻的是整个公司所营造的氛围，不论是愿意放下手上工作对我们进行指导和纠错的几位同事前辈，还是食堂阿姨、公车司机、车间师傅，只要虚心地去请教，大家都很乐意提供帮助。公司同事之间也会互相帮助、互相学习，这种互帮互助的氛围在非常看重业绩的公司里是十分可贵的。

　　这次实习总的来说收获良多，十分感谢能有这样的实习机会，感谢大牧人、学校以及指导我的各位老师。

涂运安

青岛大牧人机械
股份有限公司

"我们这群农建人，可能萍水相逢也可能素昧平生，但是因为农建两字，让我们在天南海北都如此团结。"

写下这篇感想之时，我的大牧人之旅已经结束了十多天。实习的那些日子、那些事、那些人，仍然在我心中一角安放着，历久弥新。还有什么，比真真切切地去经历一次实践、去结识优秀的人更能帮助我认识自己的优势与不足呢？

实习第一天在公司门口留影

初到青岛大牧人机械有限公司（简称"大牧人"）时，公司内舒适的办公环境、专注的办公氛围、专业的管理体系打破了我对专业就业前景的偏见，也让我对自己的未来有了更多的想象。作为新人，加之我慢热的性子，自然有许多不懂之处，好在公司的前辈们都很关心我们。李总给我们举办了欢迎会，欢迎会上让我记忆犹新的就是自我介绍环节，我表达了对专业的喜爱、对实习生活的憧憬，却唯独忘了说自己的名字。后来超姐提醒了我，我也因此最先记住了超姐，她是部门里唯一的女孩子，却不输任何一个男孩子。会后我被分到了猛虎战队。收拾东西去猛虎战队的工位时，敬哥主动来帮助了我。他帮我拿着书包把我领到了我的工位，就在他的工位旁边。敬哥话不多，是个性子柔但极热心的人。后来杰哥过来了，他坐在我的对面。杰哥是个风趣幽默的人，总能成功地把我们逗笑。最后看见的是盼哥，他耳朵里塞着耳机，边谈业务边回到了自己的工位。那时我时不时地朝他看，希望能找到机会和他打声招呼。后来的日子里，就是他们三位坐在我旁边，我感觉很安心。

我自认为自己不是个十分自律、十分努力的人。可是在大牧人工作的那些日子里，我每天都在十分努力地干活，经常到了下班时间还浑然不知。我想着一来是因为每天都能学习到新的知识，每次的工作也都不是枯燥乏味的；二来是因为公司前辈们专注的工作态度深深地感染了我。在这个"躺平"成为时尚用语的今天，我看到公司里的每一个人，包括刚参加工作的新手、工作了许多年的"老炮儿"，他们都选择了和自己"内卷"。这也激起了我内心那团很久没被燃起过的焰火，那么多优秀的前辈们在做榜样，在指引着我前行，我不能听信自暴自弃之流的话，应该重拾青年人的朝气与自信，有一分热，发一分光。

实习的日子里，除了完成2 400头母猪猪场的设计外，我还会和前辈们请教许多专业问题。记得当时我和李总讨论了关于热回收的问题，他很热心地给我发了许多有关热回收的资料。我跟他说谢谢后，他说不用谢，你们选择这个专业，我就已经很高兴了。这话中能看出他对农建专业的热爱，我内心感到无比的温暖。我们这群农建人，可能萍水相逢也可能素昧平生，但是因为农建两字，让我们在天南海北都如此团结。前辈们对我的帮助，我无以为报，唯有努力用知识武装自己，有一天成长为一个能推动行业发展的农建人，让他们知道，当初他们对那个女孩子说的每一句话，她都认真记下了！

在这段旅途的尾声，想说的还有许多，都放在心上，化成句句感谢。

感谢学校提供给我们这次实习机会，我受益匪浅。

感谢郑炜超老师实习期间对我们的帮助与关怀，成为他的学生，我倍感荣幸。

感谢大牧人李总、崔老师的热情招待与亲切指导，我将铭记于心。

感谢猛虎战队每一位前辈对我的指导与关怀，我难以忘怀。

感谢一同实习的小伙伴们有趣、可爱的陪伴，我深感温暖。

这段实习经历是我人生中闪闪发光的日子，我会永远记得那些日子、那些人……

马郝燕

青岛大牧人机械
股份有限公司

"在短暂的实习过程中，我深深地感觉到自己所学知识的肤浅和在实际运用中专业知识的匮乏，深刻地体会到实际生产的复杂性和灵活性。"

时光荏苒，转眼间，四年的大学生活已经过去了3/4，毕业的钟声已经敲响，我们也开始了将课堂知识用于实际的实习生活。本次实习的主要目的是提高我们的社会实践能力，给我们一次将自己在大学期间所学习的各种书面以及实际的知识进行实际操作、演练的机会。同时，也是一次让我们深入对本专业的了解，为以后的选择试错的一次机会。

"纸上得来终觉浅，绝知此事要躬行。"在短暂的实习过程中，我深深地感觉到自己所学知识的肤浅和在实际运用中专业知识的匮乏，深刻地体会到实际生产的复杂性和灵活性，发现我们所学的知识只是一种思考的方法，距离实际的生产还有一定的距离。我在此次大牧人的实习内容丰富多彩，主要包括参观、旁听会议、学习猪场设计图的绘制和车间实习。在这个过程中我学到了很多课本上学不到的知识。

在车间的实习是让我印象最深刻的，因为这段实习身体上最劳累。我们先后去了仓储车间、电控车间、综合车间、注塑车间和风机车间，体验了一下每个车间的工作，了解了每个车间一整套的工作流程。实习下来的感受就是没有一个车间的工作是轻松的。车间的工人都对我们特别好，非常耐心地给我们讲述工作的内容，我们工作的时候会和他们聊一聊天，在聊天的过程中，仓储车间的帅帅哥和张班长都表示很羡慕我们能读大学，但我觉得能读大学固然很好，但术业有专攻，张班长能管理好这么多人，帅帅哥能这么细致地处理好自己的工作，他们在自己的岗位上兢兢业业，勤勤恳恳，这也是社会需要的人才，也是值得尊重、令人敬佩的。然而，也许是还没有懂得他们这句话的含义，在综合车间一天的工作改变了我的看法。综合车间的工作是做一些零活，每天的工作都不一样，是依据订单来定的。我的工作是将垫片穿在螺钉上。刚进来的时候感觉综合车间的工人们相比电控车间和仓储车间要轻松一些，能一直坐在工位上，看起来干的活比较轻松，然而自己实践之后才觉得这真是个太天真的想法了。刚开始的时候还比较轻松，但是做了没多久就越来越觉得这个工作真的有点枯燥乏味。干活的人就像一个机器人一样，不停地重复着同样的工作。不仅如此，做到后面渐渐体力不支，手臂发酸，动作越来越慢，反观我旁边的阿姨还是保持着一如既往的速度，瞬间对她们能坚守在这样辛苦的岗位上感到敬佩。但同时也知道了她们让我们好好学习的意义，明白了阿姨面带微笑地讲述工作的不易，也读懂了张班长和帅帅哥看向我们时眼里的期望和希冀。

一个月的实习很快就到了尾声，在告别之时，张班长的一个举动让我深受感动。由于想到在车间工作的师傅们在冬天容易冻手，我们便送了张班长和帅帅哥每人一支护手霜作为离别小礼物，在我们转身准备走时，张班长叫住了我们，拿出了他柜子里珍藏的大牧人纪念笔，他说这支笔他珍藏了很久，一直都没舍得用，现在送给我们。我含泪接住这支笔，用它郑重地签下离职协议书，为在大牧人的实习画上了一个完美的句号，然后将其珍藏进大牧人的回忆中。

张班长看似严肃的外表下藏着一颗细腻的心。除了张班长以外，大牧人的每一位老师也都对我们特别好，他们的热情温暖了我在大牧人的这段时光，这将成为我生命中珍贵的一段回忆。

樊溪媛

新希望六和股份有限公司

"正所谓众人拾柴火焰高，成功的设计都是由思想的碰撞凝结而成。"

　　十分有幸，我的实习能在以现代农牧与食品为主营业务的全球 500 强公司新希望六和股份有限公司（下文简称"新希望"）进行。在新希望实习的这四周，我认识了一群敬业而又可爱的老师，学习了很多专业知识，提升了制图技能，体验了早出晚归通勤上班的辛苦，可谓受益匪浅。其中，让我印象最深、收获最大的，同时也是这次实习的重点内容——绘制猪场工艺布局图。

　　在学校的工艺课中，我已经有一些设计与绘制畜禽场的经历了，也积累了一些经验，于是在老师布置任务时，我想当然地认为绘制猪场布局图不过是小菜一碟。可当看到老师们画的图时，我傻眼了：复杂的线形，斑斓的色彩，密集的等高线，不平整的地块，各式各样的建筑单体……总之，这绝不是一个简单的任务。

　　老师先让我们观察学习了已经落地建成的四个猪场的图纸，接着给了我们地形图和建筑单体，让我们在地块上完成单体布局以及道路流线。画图的过程很艰辛，图中内容很多导致我的电脑不堪重负，运行缓慢，复杂线形让我眼花缭乱。于是我一边慢慢从观察图纸中领悟新希望猪场的设计思路，一边请教老师问题，总算是搞清了各个建筑单体之间的关系。完成第一稿后，我自信满满地给老师展示我的成果，结果老师指出了我的生活管理区位置没考虑交通便利性的问题。修改过后的第二稿，老师又指出出猪的道路与无害化处理区的路重合，不利于防疫。终于，第三稿获得了老师的认可。

画猪场布局图的经历让我明白了全局观的重要性。需要综合考虑的不仅仅是我们最为熟悉的风向，地形、地势、交通等同样是需要慎重考虑的重要因素。布局时一定要有全局观，时刻谨记综合考虑，这样绘制出来的布局图才能比较合理。

同时，我也意识到了交流的重要性。第一天去上班，交流就给我留下了深刻印象。办公室里打电话的声音此起彼伏，有与同事讨论确定设计方案的，有向乙方客户讲解工艺的，有向上司汇报工作的，有核实问题的……正所谓众人拾柴火焰高，成功的设计都是由思想的碰撞凝结而成。我本着不懂就问的原则，向老师请教各种问题，在与老师交流的过程中学到了很多知识。

在四周的实习过程中，我打破自己一贯的舒适圈，鼓起勇气去向老师请教问题。从最开始观察图纸产生的疑问再到后来怎么画图的问题，再到与老师讨论新希望工艺的合理性，甚至吃饭时与老师们闲话家常，我觉得在交流方面我的进步是很大的。

四周的时间不长，但却是我人生中非常宝贵的经历。

杜妍彬

新希望六和股份有限公司

"这次旅程很短暂，但认识了一些可爱又善良的人，也锻炼了自己的能力。"

　　这次暑假我迎来了人生中第一份与专业知识相关的实习工作，我和同伴樊溪媛一起来到了新希望六和股份有限公司进行实习。新希望是一家业务涉及饲料、养殖、肉制品及金融投资等领域的公司，我和同伴被安排到了猪产业指挥中心里的设计部门，主要负责猪场设计的相关工艺流程。

　　来到公司的第一天，心里还是比较发怵的，我们工作的地方位于望京SOHO，到公司的第一天就感觉到了有别于校园的繁华与拥挤。在公司楼底下与负责我们的刘燕荣老师碰了头，她将我们带到了公司的猪产业指挥中心，放眼望去，这间大办公室里足足得有二三十个工位。因为是第一次体验这种坐办公室的工作，这天早上我既觉得新鲜又有点局促。

　　在接下来的实习中，初来乍到的复杂情绪渐渐平息，我们也投入到了紧张的实习工作中。这段时间里刘老师主要给我们安排一些查阅资料与绘制图纸的任务。在实习的过程中我发现几位老师工作都十分忙碌，每天都面临着很多线上会议和图纸。午饭时间是我们良好的交流契机，我们不仅向老师们请教在查阅资料与绘制图纸中遇到的一些问题，也会聊一些就业与未来规划方面的问题。刘老师和张老师是我们学校的校友，他们向我们讲述了他们的亲身经历以及之前工作中的一些校友，这为我们的思考与规划提供了实用的参考。

　　不知不觉中，实习就进入了尾声。在实习最后一周的周二，我们突然接到通知，由于新冠疫情，所有实习都改为线上进行。突然的离别总是让人的心情带了点沉重。第二天到公司，我们邀请几位老师一起拍了合照。出差的李杨洋学姐也回来了，得知我们要走，杨洋学姐有些遗憾地讲道，由于这段时间出差，没能跟我们好好聊聊，后来发现这位学姐竟然是我们农建专业02级的校友！她十分亲切地加了我们俩的微信，并说以后有什么不懂的都可以来问她。杨洋姐十分亲切可爱，让人很想与她聊天，这下我更加不舍得别离了......

　　在离别时刘老师叮嘱了我们很多东西，包括学业与这段实习中对我们的建议。这些叮咛与善意本就让人感动，在离别氛围的烘托下愈发令人不舍。这次旅程很短暂，但认识了一些可爱又善良的人，也锻炼了自己的能力。美好的旅程结束了，但回忆会永远珍藏在我人生的旅行簿中。

植物环境工程篇

潘成洋

北京中农富通园艺有限公司

"这期间，从生产工艺流程到园区组织架构，从温室建筑结构到设备运行维护，我都有了更深的认识。"

　　我实习的地点在河北省邢台市南和区的中国南和设施农业产业集群，它属于北京中农富通园艺有限公司下属的河北富硕农业科技发展有限公司。在这里的工作全部是生产作业，包括育苗车间和黄瓜、番茄、彩椒棚内的生产作业，以及室外草莓田的试验生产等。

　　实习的一大半时间都在育苗车间度过。育苗车间的工作包括浇水、点种、覆土、移栽、管理，还有将长成的植株定植在生产温室内。在苗房的工作很辛苦，经常汗流浃背，可谓"汗滴苗下棉"。在实习后期，我受研发部娜姐的邀请，去棚外的草莓地帮忙。由于园区第一次种植草莓，没有经验，所以好多草莓根部都长了霉菌，我们把病情比较严重的穴盘运进苗房，然后统一用药水泡根，最后剪去老叶病叶，剪断匍匐茎，让草莓苗独立生长。泡根那天所有办公室的工作人员都被叫去帮忙，大家分成四组，对几万株穴盘内的草莓泡根。大家分工明确，互相竞争，在欢声笑语中忙碌了一早上，终于将这一部分草莓泡根完毕。中午，后勤部买来了排骨炖汤犒劳大家，所有人都很开心，经过这一次团体性的活动我认识了园区大部分的工作人员，我更开心了。

　　生活方面。一开始带我们来的学长提前告知了我们园区的条件一般、生活不方便等，降低了我的心理预期，但我倒是不相信张天柱老师在课堂上一直拿来举例子的南和农业嘉年华附属的产业集群能有多差的条件。来到这里发现，果然宿舍有空调，热水器随时可以洗澡，还有洗衣机、饮水机，出了宿舍门口就是工作的温室，这条件也不差嘛。刚来的前 10 天，做饭的阿姨刚好请假了，所以我们自力更生做了一个多星期的晚饭，还多少把厨艺练出来了。除此之外，印象最深的就是雨了，其中一场就是震惊全国的郑州暴雨，邢台作为离郑州直线距离不到 300 km 的城市，也受到了暴雨的波及。从到达的第二天 7 月 20 日起，雨就一直在下，7 月 22 日凌晨下着暴雨，我们甚至被通知不要睡觉，因为离那里四五千米的河道就有一座水坝，如果水位超过警戒线就将泄洪。所幸一切都安然无恙，生产秩序一切如常，真是一种难忘的惊险体验。

实习的时间过得很快，这四周我深入行业生产一线，实地体验了温室农产品的种植过程，将所学的理论知识进行了实践，从生产工艺流程到园区组织架构，从温室建筑结构到设备运行维护都有所了解，具备了从一个学生转变为园艺方向职业人的基本条件。

路峻博

北京中农富通园艺有限公司

"接触到实际生产，才真正领悟到'学无止境'的含义。"

对于我们一年后即将毕业的大三学生来说，这次实习就像是步入社会前一次难得的彩排，将为我们以后的工作打下基础、积累经验。在富通科技园实习的这一个月，是我第一次正式与社会接轨踏上工作岗位。接触园艺公司业务，在实践中领悟专业基础知识与技能，开始了与在学校时完全不一样的生活。实习结束回到学校，回想起那段日子，心里还是有诸多感触。

实习前期，我主要在办公室里学习并查找汇总一些设施园艺相关的专利、文献等。指导老师给了我许多帮助，教会了我如何使用专利数据库，也使我明白，查阅资料不能只浮于表面，更需将查到的东西形成体系，横向纵向深入整理，这种思维方式使我受益良多。

实习基地现代化温室

实习期间我还测量绘制了温室 CAD 图等，体会到了技术人员的不易以及测绘工作对生产的重要性。实习最后一周，我每天上午跟随老师一起去进行生产劳动，采摘葡萄、整枝施肥等。劳动虽然辛苦，但是从中获得的成就感却是无与伦比的。实践出真知，这些实践活动，不仅使我学到了许多新知识，也使我能够更好地理解在学校学到的专业理论。

这次实习还使我接触到了以前从未了解过的领域——TRIZ创新理论以及专利转化。基地里有一个用于研发的连栋温室，里面有许多转化成功的专利。老师提到，一个专利的成功转化要各方面的配合协作，后期维护还需付出许多努力。看着老师每天与各部门协商，去实地测量、参与施工等，我深刻了解到了这项工作的不易，也更加体会到了工作中团队协作的重要性。

实习期间和我们同宿舍的还有一位在基地做试验的研究生师姐，看到她每天早出晚归，还有许多同事每天去温室大棚中试验、研发等，我切实感受到他们"学农、知农、爱农"的情怀，更加深刻地理解了"解民生之多艰，育天下之英才"的校训以及"把论文写在大地上"的精神。"纸上得来终觉浅，绝知此事要躬行"，在短暂的实习过程中，我深深地认识到自己所掌握知识的肤浅和在实际运用中专业知识的匮乏以及思维的僵化。接触到实际生产，才真正领悟到"学无止境"的含义。

此次实习，我学会了运用所学知识解决简单问题的方法与技巧，学到了与人相处沟通的有效方法。同时我也体会到了社会工作的艰辛。通过实习，我在社会中磨炼了自己，也锻炼了意志力，训练了动手能力，提升了实践技能，积累了简单的工作经验，为以后正式参加工作打下了基础。

最后还要感谢学院提供的这次宝贵的实习机会，使我们在这个第二课堂中锻炼成长，丰富、完善和发展自己。感谢公司给我们这样一个实习的机会，能让我们实地接触书本知识外的东西，增长了见识，开阔了眼界。感谢我的指导老师们，帮助我们在这么短的时间内掌握工作技能，共同完成这次实习。

康嘉琛

北京中农富通园艺有限公司

"经过反复实践，我们打败了测绘路上最大的拦路虎。"

在北京通州中农富通科技园实习是一段十分宝贵的经历。在这里，我主要参与的工作是解决现代农业园区面临的实际问题，内容大致可以分为温室建设和种苗生产两个方面。其中，令我印象深刻且收获颇多的工作是根据核心园区原有平面图，和同学一起重新测绘。

刚接到测绘园区平面图的任务时，我内心是五味杂陈。虽然觉得通过这次任务能够锻炼自己的测绘能力，但又觉得在三伏天去外面测量数据过于艰苦，一时间十分抗拒。在拿到我们的测绘工具之后，我又一次觉得这是一个不可能完成的任务——我们只有一个 100 m 长的卷尺和原有平面图！本来我以为园区平面图的测绘和在学校测绘时使用的工具一样，可事实着实出人意料。

没办法，条件是艰苦了点，但是任务必须完成。老师告诉我们要先确定园区的方位角和道路系统，之后再测绘建筑位置时就会有一个参考，并要求我们误差尽量保证在 1 m 以内。目标确定，出发！

我们先是测量了核心区北侧边界，刚抵达目的地我们就发现了第一个问题：边界处草木丛生，根本进不去。经过一番商讨，我们决定把卷尺架起来测量，这样可以尽量够到边界位置。然后我们碰到了第二个问题：卷尺不能绝对拉直。但是经过实践，我们发现测出来的数据和参考图相差不多，误差可以忽略。在边界和道路的长度测完之后，来到了确定方位角环节，由于没有其他工具，我们只能用手机指南针的数据，但是我们三部手机竟然显示了三个不同且差距较大的数值！没有办法，只能通过天正软件把图画出来之后观察确定最准确的方位角数值了。这是我们测绘路上最大的拦路虎，不过经过不断反复实践，我们还是打败了它！

有了道路作为参考，后面的工作就相对简单了。确定矩形建筑只需要知道它一个点的位置，由这个点引出两条边的边长和方位角，就可以确定整个建筑的大小和方位了。画图的时候感觉不太对劲的地方就得实地考察确认，着实费了一番工夫。

最后在绘图的时候，为了方便读图和修改，我们给平面图分了图层和颜色，反复确认之后终于完成了这项艰巨的任务。看着我们重新绘制的平面图，很有成就感！

高荣威

北京中农富通园艺有限公司

"我会带着这份不一样的经历与感悟，奋斗在新的工作岗位上，为农业现代化贡献力量，实现人生理想。"

　　小学期刚结束，专业综合实践无缝衔接，这次的实习好像是在仓促中开始的，还没确定是否准备好便已踏入了公司的大门。突然形势严峻的新冠疫情又打断了原本的工作计划，于是实习又在仓促中结束，只能匆匆返校，好像一切都来不及告别，好像故事刚刚开始便结束了。尽管时间短暂，但这次实习带给我的收获却是之前从未有过的。

　　故事从一间橙色的木屋和一块巨大的园区展览牌开始，仿佛突然回到了两年前，同样是在这里，我们站在木屋前听着程老师介绍园区的基本情况，开始了大一暑期的专业认知实习。和之前不一样的是，我们这次是以一名实习生的身份来到园区，需要和其他员工一起，真正投入到园区的工作中去。这是我第一次正式进入公司实习，有些紧张和忐忑，担心不能胜任园区的工作，即使如此我也暗自下定决心，一定要坚持下去，认真完成任务，就算不能做到最好，也要尽力而为，有所收获和感悟。老师给我们安排的工作主要是资料的整理，如无土栽培设施、蔬菜育苗技术规程及质量保证制度、园林绿化项目施工管理制度及项目管理手册等的整理，在整理的过程中不断学习新的知识，加深了对公司的了解。

　　在这些任务当中，园区的测绘工作最为棘手，也给我留下了深刻印象。

我们的任务是利用仅有的一把百米卷尺，完成核心区的 CAD 平面图绘制。测绘过程比我们想象的艰巨，时常会遇到新的困难。如由于道路问题园区边界无法准确测定；再如测量道路时部分建筑设施遮挡、部分建筑物周围杂草丛生，加大了测量难度，卷尺无法完全拉直等问题也增大了测量误差；还有，最令人窒息的方位角的测量，甚至出现了三个设备三种角度的情况。好在经过每天坚持不懈地测量，测量方式的不断改进，反复测量缩小误差，从一把卷尺一步步到最后的平面图终极版，其间克服了高温暑热、蚊虫叮咬等重重困难。看着这份精心绘制出的成果，自豪感油然而生，也算是为这次的实习工作交上了一份较为满意的答卷。

实习结束了，但是我们的学习生活还在继续，这次的实践对我们来说无疑是一次宝贵的人生经历，为我们后续的学习提供了思路，为将来步入职场打下了基础。相信在不远的将来，我也会带着这份不一样的经历与感悟，奋斗在新的工作岗位上，为农业现代化贡献力量，实现人生理想。

郭兴珅

北京中农富通园艺有限公司

"有困难咬咬牙、有问题主动解决，慢慢地才发现自己已经突破了很多，不再是靠着惯性被动地生活着、学习着。"

实习不同于在学校的学习，学校的学习是被动的，而在实习中，更多需要主动去了解、去思考、去问。这次实习，我除了对设施园艺方面有了一些了解，并且熟悉了一些基本工序和仪器的操作，再次回望整个实习生活和工作，感触很多、收获颇丰。

实习基地现代化温室

突破了一些事。初次到场区先去宿舍，看到杂乱的宿舍，我们犹豫了一会儿，还是和学长收拾收拾宿舍、整理一下床铺、安置一下带来的衣物就算是开始了；中午饭，不免会碰到场区负责人，碰到了故意去看手机，实在不行点个头，说声某总好，去吃饭啊，尬得很；干活了，彩椒拉秧，温室内有点小风尘，还有就是热，干一会儿，汗珠一大颗一大颗地往下掉，辛苦得很；晚上了，赶巧做饭阿姨不在，我和潘成洋外加一个学长，三个男人一锅饭，说做蛋炒饭，做出来是一大坨黏糊糊的东西，底下还泛黑，要不是饿了，估计没人咽得下；晚上刚隐隐约约睡着，被叫醒说发布了防洪预警，一群人开始装沙袋，围厂区口，防止水漫进来。这便是我们刚去的第一周，我真正走出习惯的生活、走出舒适区去坚持努力适应这边的生活和工作，开始为吃什么做什么饭发愁、开始主动去学习了解新的仪器和设备、开始和周围的人主动熟起来，有困难咬咬牙、有问题主动解决，慢慢地才发现自己已经突破了很多，不再是靠着惯性被动地生活着、学习着。

认识了一些人。科学，这里的科学不是一个名词，而是一个人名，一个和我们一起住了一个月的学长。"走近科学"，科学一点都不科学，当了解到我们住的后边有个坟包，他晚上都没敢去洗澡，实在胆小；"相信科学"，我们晚饭是要自己做的，这时候科学总会承担大厨责任，除了前两锅糊了，之后的顿顿饭都很香；"科学（技术）是第一生产力"，宿舍我们刚到是很乱，在一起打扫之后基本靠科学学长维持卫生，而且在日常生活中也是对我们关照备至。大哥，大哥和我们住一个宿舍，刚到宿舍时，满宿舍的烟草味，但我们来之后，大哥开始在外边抽烟，之后听说大哥从北京总部来，在各地的嘉年华和场区都干过几年，经历厚得很，而且他在场内事事总是行动在第一线。她，她年长我们两三岁，不过很难看出来，甚至感觉比我们小点，她是本地人，一直在场区办公区工作，白天工作、晚上有时看看电影刷刷剧，但是桌子上一直放着一本公务员考试的书，有时候见她练习打字，学习制表，她特别和善热情，有好几个早餐和晚餐都是蹭她的手艺才不会饿肚子。她们，她们都是本地村上的，由于一天工资才 50 元，没有男人会来干温室的活，在工作室和她们聊天，一口地道的河北话很难听懂，聊天问的最多的是我们的工资，但我们有时问她们工资，她们都不会说的，她们干活不像我们不惜力，效率比我们低点，但是她们基本不休息，无论工作环境多恶劣。

鞠 然

中农金旺（北京）农业工程技术有限公司

"通过社会实践的磨炼，我深深地认识到社会实践是一笔财富，社会是一所更能锻炼人的综合性大学。"

在实习过程中，我学习到制定农业产业规划的程序，一般从组建规划队伍后，开始进行调研与资料收集，接着进行分析评价，然后确定目标并进行方案分析、方案评价、方案优选，最后到方案实施。我自己总结可将农业产业规划按内容分为五篇：第一篇为分析篇，可从政策背景看项目使命，从区域发展定项目角色，从市场需求挖项目机遇，从市场需求挖项目，基于此四个方面进行分析；第二篇为基地篇，主要涉及地理区位、交通区位、综合现状以及资源分析；第三篇为定位篇，主要包含定位思路、总体定位、形象定位、目标定位以及功能定位五个方面；第四篇为规划篇，从空间结构和分区介绍两个板块入手；第五篇为运营篇，需要考虑农业循环模式、互联网运作模式、企业营销模式、水电需求概算以及初步效益分析等。

在实习前，我并不是很了解新疆的农业状况。在此次项目跟进的过程中，我逐渐意识到新疆农业领域仍有很大的发展空间，我意识到自己所学专业的价值所在。

短短为期四周的社会实践，一晃而去，却让我从中悟到了许多东西，而这些东西让我受益终身。第一次参加企业实习，我明白了实践是引导我们学生走出校门、走向社会、接触社会、了解社会、投身社会的良好形式，是培养锻炼才干的好渠道。实践拉近了我与社会的距离，也让我在实践中开拓了视野，增长了才干，进一步明确了自己的使命。社会是学习和受教育的大课堂，在那片广阔的天地里，我的人生价值才能得到体现。

在这次实践中，我深深体会到，我们必须在工作中善于思考勤于动手，不断学习不断积累，遇到不懂的地方自己先想方设法解决，解决不了的可以虚心请教他人。通过实践的磨炼，我深深地认识到实践是一笔财富，社会是一所更能锻炼人的综合性大学。只有投身到社会实践中去，才能使我们发现自身的不足，为今后走出校门、踏进社会创造良好的条件。

最后，感谢公司给我提供这次实习机会，感谢学校给我们创建如此良好的实践平台。公司同事们在工作中严肃的科学态度、严谨的治学精神、精益求精的工作作风，深深地感染和激励着我。从课题的选择到项目的最终完成，公司老师始终给我悉心的指导和持续的支持，同时校内指导老师不仅在学业上给我们以精心的指导，同时还在思想和生活上给我们无微不至的关怀。人情的温暖让我未曾感到孤独，很感谢这样一群人陪我走过这样一段难忘的时光。在此谨向公司前辈们和校内老师们致以诚挚的谢意和崇高的敬意。愿以后在大浪淘沙中我能够找到自己的屹立之所，让我的所学为社会经济做出自己应有的贡献。

王昕睿

中农金旺（北京）农业
工程技术有限公司

*"在这一个月里，我在实践中磨炼自己，将知识
应用到每一个未知的挑战中，同时，我也发现了作为
农业从业者未来的无尽可能。"*

不知不觉间，我们在学校里三年的学习已经结束了，在理论学习后，有
两个问题摆在我们面前：如何在实践中应用我们所学的知识和技能？即将面
临毕业的我们又如何考虑我们的未来？我想，这应该是很多学生为之苦恼的
问题。而幸运的是，我们专业提供了实习的机会，让我们能结合对自己未来
的初步规划，选择自己感兴趣的方向，提前感受工作，在实际中去解决自己
的困惑。于是，我怀着学习设施园艺的目标来到了中农金旺（北京）农业工
程技术有限公司这个大家庭。刚进入公司时，由于在规划部实习，对规划只
有城乡规划基础的我十分忐忑，担心自己无法胜任工作。然而，无论是我们
的校外老师还是其他同事，他们都很和善，耐心地解答我们实习生的问题。
一开始，我会在微信上询问公司的前辈高姐一些规划和排版的问题，有些意
见也不敢表达，但随着时间的推移，我也敢于发出自己的声音了。随着慢慢
融入团队，沟通和合作也越来越顺畅。

在实习这段时间里，我参与了对瓦房店市樱桃产业提升的规划，在这个
过程中，我逐步对农业规划有了具体的了解。规划并不是想当然地去进行文
书工作，完整的规划程序还包括前期的调研，后期参与土地现状调查和勘测
设计工作，以及设计指导和绘制规划设计图与效果图。规划设计的工作是富

有挑战性的，需要有创意的头脑和一定的图纸绘制水平。这段时间，我不断分析和研究其他规划案例的成果，吸取精华，学习前辈对联合机制创建以及品牌塑造的规划，有效地提升了工作能力。而除了获得了专业知识外，我还真真切切地感受到人情的温暖，在这里，我感受到自己不是一个人，整个公司就是一个大家庭，有温暖有欢乐。在这里，我要感谢实习期间给我提供帮助的领导和同事，让我在工作中不仅学到了许多的知识，懂得了很多道理，也避免了很多弯路。

慢慢地，每天打开工位的电脑变成了很有仪式感的事情，坐在工位上积极工作、提升自己，让我感觉十分充实。而且我也会每天积极地参与部门下午茶水果的计划中去，幸运分享到来自遥远新疆的大西瓜，给这个夏天添加了清甜的回忆。在这一

入职培训

个月里，我在实践中磨炼自己，将知识应用到每一个未知的挑战中，同时，我也发现了作为农业从业者未来的无尽可能。虽然因为新冠疫情原因，与工位告别得很仓促，但我所收获的，将伴随我前行。感谢实践的机会和前辈的指导，谢谢你们给予我的期望，我会加倍努力，去迎接光明的未来。

陈 坚

北京市农业机械
研究所有限公司

"面对一个全新的事物，我们不应惧怕，同样也
不应给自己设限。"

    时间像流沙般悄悄地从指缝间流逝，一个月的实习不知不觉已经结束了。期间，我们遇到了新人、新事，同时也遇见了一个新的自己。

    面对一个未知的陌生环境，心中不免紧张。实习第一天提前一个小时来到公司的行为或许就是这种紧张的映射。而周博与张博的亲和、董姐的热情让我心中的忐忑一散而尽。到公司实习，很重要的一环就是学习如何为人处世。但是，对于一个从科研单位改制而成的公司，工作气氛中弥漫着稳重而又沉闷的气息，且没有复杂的人际关系。或许正是这种氛围让我快速投入到了接下来的实习工作中。

    部分实习工作内容同以往所学的专业知识相契合，而更多的时候需要我们学习新的知识和技能去解决工作中的实际问题。对日光温室进行热环境分析就是我工作内容的一部分，学习 FLUENT 软件以及 CFD 模拟是必要的一关。为此，我连续花费了近一周时间查阅相关资料去了解熟悉，并完成了初步的热环境模拟。面对一个全新的事物，我们不应惧怕，同样也不应给自己设限，必须尽力去学习以"打倒它"，因为"一切困难都是纸老虎"。

    作为通勤上班的一分子，我有机会体验了上班族快速的生活节奏，感叹"打工人"的不易，同时也感受到了父母工作的艰辛。每天下班回到学校，唯一想做的事就是慵懒地躺在床上，不干也不想任何事情，此时的轻松是往常体会不到的。在这一个月里，也常常会觉得这种每天重复同样节奏和轨迹的生活是如此的乏味，好似平静的湖面翻腾不起丝毫涟漪。真正让人保持工作动力和生活激情的或许是面对全新工作内容时的挑战以及任务完成时的成就感，是对那份这一生所要坚持的事业的热爱，是爱我们的人对自己的默默支持。

魏纪喆

农业农村部规划设计研究院
设施农业研究所

"实习也是对我们专业知识的一种检验，可开阔视野，增长见识，让我们学会独立思考问题，为以后走向社会打下坚实的基础。"

本次实习我有幸来到了农业农村部规划设计研究院设施农业研究所，我在此度过了为期四周的专业实习。看似一个月时间很长，但感觉很快就结束了。这是一次宝贵的经历，使我逐渐理解了如何将学校学到的理论知识运用到实际工作中，并且通过本次实习活动真正接触了工作后的生活，学习如何融入社会，是我迈向社会路上的重要一步。

农业农村部规划设计研究院本部大楼

本次实习我感受非常深刻的是环境的不同。首先，在工作环境中，不像在学校内的学习生活，会有导师带领你学习进步，虽然公司的前辈们都非常和蔼，问他们问题也会知无不言，但主要还是靠我们自己去观察学习。当然，此次作为实习生，公司并没有给我安排过于烦琐的工作，更偏重的是对我们工作能力的培养。其次，在学校里都是学习知识，或者在实验室进行研究，而工作单位的工作方式偏重实践，在工作过程中我发现实际生产过程中的工程方法或生产工艺，与学校学习的知识相比有细节上的不同，这使我意识到不能一味地只是学习理论，正所谓"实践出真知"，只有在生产实践中才能验证理论是否正确，及时发现问题并修正。

同时我也感受到了作为优秀事业单位的日常福利待遇，院里有一间自助食堂，早、中、晚三餐都是一元自助餐，菜品丰富、健康、口感好，还有水果、酸奶和各种小吃供应。

感谢院系老师和设施农业研究所对我们实习培养计划的安排。院系老师在新冠疫情期间克服困难为我们创造了本次实习的机会，是为了让我们在其中充分了解社会、学习为人处世之道，在实践中巩固知识。实习也是对我们专业知识的一种检验，可开阔视野，增长见识，让我们学会独立思考问题，为以后走向社会打下坚实的基础。这一段实习经历积累的实践经验将使我受益终身。

张 昊

农业农村部规划设计研究院
设施农业研究所

"在对比自己的课程设计时，我们才更容易发现
自己所犯的错误，体会到规范的重要性。"

这次前往农业农村部规划设计研究院设施农业研究所进行为期一个月的
实习生活使我受益良多。每天三个小时的地铁通勤，八个小时的坐班工作贯
穿我的实习，但期间的内容却不仅仅是这两个数字。

实习的辛苦从通勤就开始显露出来。每天清晨六点半，是我和魏同学从
学校出发的时间，因为可以避开早高峰和炎热的天气，也可以赶上八点二十
就结束的早餐供应，然后开始一天的工作。单位今年的忙期是上半年，所以
我们去时，单位工作氛围显得较为轻松。实习开始，李工便带我们认识了其
他同事，并让我们加入"驻马店田园综合体"项目中。他向我们介绍了单位
与建业集团合作过的一些项目，也向我们分享了集团对项目的运营方式。通
过参与一些方案的讨论学习，我了解了很多关于规划设计的思路与理念，如
规划设计就是让你的每一寸土地都发挥最大的价值，展现最好最合理的美感，
让建筑的每一个角落都有其存在的意义，所以方案永远不会是最好的。作为
一个设计师、规划师，需要不断地提升自己的审美，积累各类知识甚至是了
解一片土地的历史。我们也经历了绘图这一个建筑从业者必经的过程，加深
了自己对 CAD 和 SU 软件的理解。单位也向我们提供了他们编写的有关农业
建筑的相关规范，在对比自己的课程设计时，我们才更容易发现自己所犯的

错误，体会到规范的重要性。

在此之后我们尝试学习一些新的软件，例如，使用 Photoshop 优化建筑外观图；学习使用 SU 的渲染软件 Enscape 丰满室外环境的布局设计，或是通过这类软件的打光系统优化室内外环境的光线分布，在这个过程中，绘制高质量的展示图能够更好地向别人展现一个方案的设计理念，这是让我非常有自豪感的。我们也尝试了国内的软件 Mars 和 Lumion，也有一些心得。最后两周，我主要参与了对半封闭温室的资料整理，这个整理外文文献的过程不仅让我们扩充了专业性的词汇，也增长了查阅文献资料的能力，了解了国内外关于这个现代化农业建筑的研究进展，结合自己的专业试着去了解这个新技术。

这段时间，我们有过因为怕迟到，在大太阳底下狂奔到汗流浃背的日子，也遇到了大暴雨让我们不得不赤脚走在积水街道上；因为单位食堂每天一元供应的自助餐，我们竟没有因为工作辛苦消瘦，看来李明老师和季方老师临行的"去单位会变胖"的预言是非常准确了。但比起事，更重要的是人。和李工、邱工交流，他们愿意抽出时间向我介绍他们工作的内容，分享工作的经验，为我解答工作中遇到的问题。和傅工交流，我对暖通有了更多的理解，也认识了更多为温室供暖的方式。和盛工、曹工交流，我了解了在建筑行业发展可以对自己有哪些规划……实习期间的辛苦每天都有，但到最后坐在电脑前面写下这些文字，才让我有机会重新回味过去一个月的乐趣。

再见，设施所！在这篇文章的最后，非常感谢设施所的所有工程师：曹工、李工、盛工、邱工、杜工、傅工、张工、徐工，感谢他们在这一个月的实习过程中对我的帮助。

张哲语

北京华农农业工程
技术有限公司

"你会发现，他们是真的将自己托付给了自己负责的项目，这是一种令人动容的责任感。"

第一次来到北京华农农业工程技术有限公司，你会发现，一个搞农业工程技术的公司和影视剧里的那些办公室、写字楼并没有什么不同，相似的办公桌，常见的工作室，使你不得不怀疑自己是不是变成了"白领"。但是当我来到公司的研发部，接触到黄工，接触到其他一众机械设计研究工程师的时候，我才发现我第一次真正感受到了工作的氛围。

在工作初期，我的任务不是那么艰巨且对软件掌握还不熟练的时候，我常常会观察工作室研发部其他工程师的工作状态。坐在我邻桌的赵工，经过我的观察做的应该是有关潮汐灌溉机的工作。一张办公桌上，一台笔记本电脑，一台台式电脑，两个显示屏，剩余的地方堆满了图纸和设计方案。赵工平时的工作，不是在打电话与客户商讨方案，就是在紧锣密鼓地修改和绘制图纸。周一是这样，周二是这样，一周是这样，两周是这样，直到我实习结束的最后一天，从办公桌上收拾东西起身离开的时候，赵工还是这样，即使已经到了下班时间，他仍然一手拿着手机与电话那头的人有条不紊地商量着什么，另一只手在鼠标和键盘之间飞快地来回切换。每次下班这个光景，总会让我浮想联翩。

我曾认为，工作在一个写字楼，每天有按时的上下班时间，每天做着两点一线的工作，总会不耐烦的吧，总会有偷懒的时候吧？可据我观察，没有。不只是赵工这样，研发部的其他设计工程师，如带我的师傅黄工、负责对外联系的张工、设计天车的李工等等，他们全都如此。这是一种很奇妙的感觉：每个人都在负责自己的项目，张工的电话打个不停，李工和赵工又在对某一个项目进行核实和商议，那边黄工和他负责的助手隔着几个工位传递着不知道什么资料。研发部每一天都如此，嘈杂得像菜市场，但是身处其中，你又有一种莫名的安心感。每个人都在自己的线程里做着自己负责的项目，涉及项目对接时可能会就一个地方争论一整天，也可能会对一个导轨取 6 m 还是 3 m 开一个临时会议。这种工作氛围，我只在涉及公司文化的小说和影视作品里见到。

你会发现，他们是真的将自己托付给了自己负责的项目，这是一种令人动容的责任感。当临近下班的时候，琐碎的夕阳像温暖的火苗一样从 15 楼的窗户肆意地洒进办公室，洒在争论不休的赵工和黄工脸上，洒在办公室一摞

实习期间项目讨论会

摞的文件和图纸上，洒在我的键盘和电脑屏幕上，我看着研发部各位研发工程师的工作百态，感觉我正身处一张画作中，一幅描绘现代设计工程师工作精神的油画中。这个光景我一辈子也不会忘记。

刘子辰

北京华农农业工程
技术有限公司

"在经历实习后，我对我们行业内温室的现状以及发展方向都有了新的认知。"

为期四周的实习拉上了帷幕，作为学生我第一次参与到社会生产过程中，确实有种种难以描述详尽的感受。

实习工作解答了我对专业的很多疑惑。在我们实习的第一天，尹建锋尹总和我们有一次很深入的谈话。尹总作为农建的"过来人"，就他从大学以来的大致经历和我们进行了交流。在他绘声绘色的描述中，我们仿佛看到了上一代农建人摸着石头过河、在国内开展农业现代化建设的身影。

我国农业的发展一度饱受曲折，新中国成立以来更是由于各种原因进展不尽如人意。上一代农建人就是在这样的条件下跟随国家发展的节奏建设我国的现代化农业体系。而在尹总和我们聊天以后，我知晓我国现在的农业产业已经与他们那个年代不可同日而语了。现在单从产能上来看我国农业的各大领域都已经变得体量庞大，农业现代化进程的推进拉近了和西方发达国家的距离。整个行业内的种植、畜牧、废弃物处理，甚至渔业等都一片向好。

但是行业大方面的形势并不意味着具体到每个现代化农业企业都能够顺利发展。具体到企业，出现亏损的情况十分普遍。现在的温室农作物生产在向集成生产、旅游一体化的农业基地方向发展，但是实际的旅游收益效果未必会如预估的那样乐观。过去的三年因为新冠疫情的原因，人们减少了大量非必要的出行，旅游型温室多处于亏损状态。此外，由于钢价的上涨，温室建造成本的增加，很多涉及温室建设的项目都不得不重新进行预算的调整，这种行业的不可抗力对发展的影响十分严重，但是却难以解决，有的只能延缓速度等待价格回落以后再进行。

本次实习中每日的办公日常和上课期间类似，早上六点四十左右从地铁站出发，七点半抵达办公楼，解决简单的早餐后就开始一天的工作，午间有短暂的休息时间，然后到下午五点下班。但是在第一次和数字农业部总经理朱鹏沟通交流汇报 bug 进度时有幸体会了一轮加班，为了确保软件进度的顺利进行，我在工作当日下午延迟到六点，也算是一次新的体验。

在经历实习后，我对我们行业内种植类温室的现状以及发展方向都有了新的认知，不同于大一实习期间的走马观花，这次能够把所学的建筑结构知识、栽培设施农业知识甚至编程知识应用到场景中，希望在日后能够有更多实践的机会。同时也非常感谢基地的指导老师和课程老师对我们的关照与悉心指导。

刘 晨

北京华农农业工程
技术有限公司

"我不仅在工作中学到了东西，生活上也收获了
很多。"

    我的实习单位是北京华农农业工程技术有限公司。根据尹总的讲话我意识到我们这个公司有着丰富的底蕴。尹总是我们农建专业的前辈，他说当时的设施园艺是考虑怎么调控温室内环境可以提高产品的质量和产量，而现在则是思考与别的学科交叉，怎么可以更加智能，实现全自动生产解放劳动力，这样也是在变相提高单位种植面积的生产效率。而我们公司目前涉及的就是温室内的这些工程设备，如水轮机、导向轮、苗床、灌溉设备之类的。设计部负责设计与画图，将这个设备的立体概念构建，再交给外面的加工厂制作，最后交到甲方手上，这就是一次合作的大致流程。

    我的岗位是采购助理，说来惭愧，这三周半的时间，我和其他两位同行的实习生相比收获不算多。由于工作部门的性质问题，不像技术部的实习生那样需要画图，并且需要拼接零件模型，形成一个完整的设备，也不像项目部的实习生可以跟着领导去到场区实地学习。我的工作内容大致分为两部分：一部分是整理已经处理好的采购订单与入库单，将其排序规整之后再将时间距离较久的进行归档；另一部分就是协助配合经理的部门工作。这段时间，我也养成了一些生活工作上的习惯，如今日事今日毕，因为毕竟不知道明天会出现什么意外打乱计划。同时还要及时地整理自己的文件，我在整理资料时发现了很多好几个月前的合同与入库单，这就很影响归档时的排序。这个经历使我的分类归整能力也得到了很大提升。

其实我自己平时没有太过于繁重的工作，但是观察周边的员工发现，还是有很多事情要做。如在忙着准备 ERP 检查时，经理、副经理每天都很忙，他们联系物流与厂家，与技术部沟通，确定一个零件应该如何加工，等等。

通过实习，我不仅从工作中学到了东西，生活上也收获了很多。平时和同学一起通勤，中午和同事姐姐交流工作与学习经验。由于时间和工作性质的关系，我可能还没有更加深入地接触到这个行业的核心，但是相比实习前的一无所知，还是向前迈进了一步。能有这样的实习经历，我非常开心。

企业篇

清华大学建筑设计研究院

清华大学建筑设计研究院成立于 1958 年，为国家甲级建筑设计院。设计院依托于清华大学深厚广博的学术、科研和教学资源，并作为建筑学院、土水学院等院系教学、科研和实践相结合的基地，十分重视学术研究与科技成果的转化，规划设计水平在国内名列前茅。

2011 年，被中国勘察设计协会审定为"全国建筑设计行业诚信单位"。2012 年 10 月，被中国建筑学会评为"当代中国建筑设计百家名院"。

清华大学建筑设计研究院现有工程设计人员 1 200 余人，其中拥有中国工程院、中国科学院院士 6 名，勘察设计大师 3 名，国家一级注册建筑师 185 名，一级注册结构工程师 69 名，高级专业技术人员占 50% 以上，人才密集、专业齐全、人员素质高、技术力量雄厚。

成立至今，清华大学建筑设计研究院始终严把质量关、秉承"精心设计、创造精品、超越自我、创建一流"的奋斗目标，热诚地为国内外社会各界提供优质的设计和服务。

北京土人城市规划设计股份有限公司

北京土人城市规划设计股份有限公司（以下简称"土人设计"）由美国艺术与科学院院士、哈佛大学设计学博士、北京大学教授俞孔坚于 1998 年 1 月领衔创立。土人设计总部位于北京。

目前，在上海、浙江嘉兴、安徽黄山、江西婺源等地均设有分部，拥有 500 多名职业设计师，其中包括 80 多位海外归国设计师，配备有城市规划设计、建筑设计、生态水利、市政设计、景观设计、环境设计、风景园林、结构及项目策划等专业人员；具有土地规划、城市规划、旅游规划、园林设计等多项甲级设计资质，是北京市高新技术企业和 ISO9001：2000 质量体系认证单位，成立至今已完成大量有影响力的优秀工程项目。

土人设计以解决人地关系为宗旨，坚守品质至上的职业道德，高举民族设计大旗，立足本土面向全球。多年来，土人设计在国内外 200 多个城市完成了 2 000 多个规划设计项目，包括许多国内外重要工程的规划与设计。截至 2020 年 10 月，土人设计已先后获得全美景观设计师协会年度大奖 14 次，世界建筑节最高景观奖 5 次，中国建筑设计奖·园林景观专业一等奖等行业权威奖项，土人设计已经成为国际上最具影响力的品牌设计公司之一。

中粮营养健康研究院

中粮营养健康研究院（以下简称"研究院"）是中粮集团深入贯彻落实中央建设创新型国  家战略部署，加快引进高层次人才，加大科技创新力度，打造具有国际水准的全产业链粮油食品企业而在北京未来科技城建设的世界一流的人才创新创业基地。研究院作为中粮集团核心研发机构，是国内首家以企业为主体的、针对中国人的营养需求和代谢机制进行系统性研究以实现国人健康诉求的研发中心。研究院以"立足生命科学、致力营养健康，服务产业链、研发好产品，提升人们的生活品质"为使命，以"创新超越客户诉求，科技引领健康中国"为愿景，重点在加工应用技术、品牌食品、生物技术、动物营养与饲料、营养与代谢、食品质量与安

中粮营养健康研究院大楼

全、消费者与市场研究、知识管理等领域开展研发创新工作。目前，研究院打造了一个集聚粮油食品创新资源的开放式国家级研发创新平台，形成了一支学历层次高、学科交叉互补、年轻有活力、文化多元的粮油食品领域创新团队，成为了国家粮油食品行业科技战略的执行主体。

研究院成立以来,获得了一系列研发平台资质。拥有营养健康与食品安全北京市重点实验室、国家能源生物液体燃料研发(实验)中心、博士后科研工作站;是中国粮油学会粮油营养分会挂靠单位;牵头成立营养健康食品产业技术创新战略联盟;拥有国家副食品质量监督检验中心、国家粮食和物资储备局粮油质检中心、天然产物国家标准样品定值实验室;食品质量与安全检测实验室通过了"实验室认可、实验室资质认定、食品检验机构资质认定"三合一认证。获得"首都文明单位"、国家外国专家局"国家引进国外智力示范单位"、国家粮食和物资储备局"全国科技兴粮示范单位"、国家知识产权局专利局"专利审查员实践活动基地"等荣誉称号。

北京盈和瑞环境科技有限公司

北京盈和瑞环境科技有限公司（以下简称"盈和瑞环境"）创立于 2005 年，是一家以环保装备技术研发与生产销售、生物质能源工程为主营业务的高新技术企业，入选工信部第三批专精特新"小巨人"企业。

公司主营业务涵盖环保工程、生物质能源工程、环保装备制造、搪瓷拼装罐制造、环保工程投资和运营、有机肥生产与销售、农村环境治理多个领域。在生物沼气领域，盈和瑞环境不断创新，拥有兼氧微生物水解技术（SAHP）、厌氧生物倍增技术（ABDP）、沼气生物脱硫技术等一系列先进技术。

北京盈和瑞环境科技有限公司项目案例

　　历经十余年发展，盈和瑞环境已成为行业内知名的生物质能源整体解决方案供应商，是中国搪瓷拼装罐的行业标杆、中国生物质沼气领域标准化与模块化的一流企业，也是中国农村能源行业协会副会长单位、中国沼气学会常务理事单位、中国产业发展促进会生物质能产业分会理事单位、中国搪瓷工业协会副理事长单位。

　　盈和瑞环境致力于服务农牧业生产与农村生活废弃物的资源化循环利用，积极为中国现代农牧业绿色发展和美丽乡村建设贡献力量，为农业农村"双碳"战略目标的实现提供助力。

国峰清源生物能源有限责任公司

国峰清源生物能源有限责任公司于 2016 年 2 月 26 日成立。公司定位于有机废物治理、生物能源转换及综合利用的技术集成商、投资

商、服务商及运营商，标本兼治，产融结合。经营范围包括：固体废物治理，工程咨询，工程项目管理，施工总承包、劳务分包，生物质燃气、有机肥料及生物菌剂、有机废物处理、土壤治理修复技术服务，售销有机肥料，货物进出口、代理进出口、技术进出口，销售机械设备、电子产品、化工产品、建筑材料、金属材料，机械设备维修，生物质燃气、有机肥料和生物菌剂生产等。

国峰清源生物能源有限责任公司项目案例

公司发展目标是做中国最专业、最具规模的有机废物治理、可再生能源转换及综合利用技术集成商、服务商及运营商，实现有机废物综合治

理和污染治理，同时产生清洁能源与有机肥料，改良土壤，提高农产品品质，达到综合循环利用和效益的最大化。同时，解决从集中辐射到分散，产生集中稳定能源的问题，即区域式有机废弃物处理和分布式能源供给相结合。

生态环境部环境发展中心

生态环境部环境发展中心（以下简称"中心"）为生态环境部直属事业单位，是生态环境管理的综合性技术支持与服务机构，以及对日环境交流与合作的平台和窗口。

中心由中日两国政府合作建设，于1996年5月5日建成投入使用。中心自成立以来，在环境政策研究、环境信息化建设、固体废物管理、环境宣传教育、环境分析测试、环境技术交流合作、环境管理能力建设等方面为国家环境保护事业发展做出了积极贡献。

中心的主要职责和业务领域包括生态环境科研成果的评估、推广和应用，国家环境保护重大科技专项管理，环境分析测试技术研究与服务，环境标准样品研发，绿色低碳发展研究与促进、环境社会风险防范和环境政策社会风险评估，农村生态环境治理技术体系、规划环境影响评价研究，生态环境大数据应用研究，人才队伍建设和体制改革研究，环境标志认证与管理技术支持，绿色消费促进和工业生态设计研究与咨询，排污权有偿使用和交易监督

生态环境部环境发展中心大楼

管理，污染源调查技术研究和数据管理与分析，中日环境合作交流与项目管理，国际环境问题研究与交流等。主办《中国环境管理》期刊。

目前，中心正按照"减污降碳协同增效"总要求，聚焦深入打好污染防治攻坚战和服务绿色低碳发展，以科技和人才为引领，持续做强优势领域，不断提升综合实力，为精准科学依法治污提供更有力的管理支撑、更有为的政策咨询和更有效的技术服务，以中心的高质量发展支撑生态环境的高水平保护，为经济社会高质量发展和生态文明建设贡献力量。

北京时代桃源环境科技股份有限公司

北京时代桃源环境科技股份有限公司（以下简称"时代桃源"）成立于 2004 年，公司总部坐落于北京市中关村高新科技园区，生产基地位于江苏省无锡市，研发基地位于广东省佛山市。

时代桃源多年来专注于有机废弃物的处理和利用，业务范围包括餐厨垃圾、果蔬垃圾、市政污泥、城市粪便、过期食品等城市垃圾，农业秸秆、畜禽粪便、尾菜等农林有机废弃物以及垃圾填埋气、煤矿瓦斯气、工业沼气等多个领域。

时代桃源拥有专业的服务团队，能够为客户提供完整的解决方案，包括技术、工艺、咨询、设计、设备集成、工程建设、委托运营、运营服务等。时代桃源具备环保工程专业承包、市政公用工程总承包及建筑机电安装工程专业承包资质，已通过 ISO9001 质量管理体系、ISO14001 环境管理体系以及 OHSAS18001 职业健康安全管理体系认证，拥有近 40 项自主研发的国家专利，参与了多项国家标准的编制。

时代桃源是全国工商联环境服务业商会理事单位、中国产业发展促进会理事单位、中国产业发展促进会生物质能产业分会委员单位、中国环保机械协会理事单位以及山西省瓦斯发电协会会员单位。2016—2018 年时代桃源连续三年被 E20 环境平台评为固废细分领域领跑企业，并于 2017 年连续入选国家鼓励发展的重大环保技术装备目录依托单位。

作为身处传统行业的国家高新技术企业，时代桃源一直秉承"为人与自

北京时代桃源环境科技股份有限公司大楼

然的和谐而努力"的使命，坚守"互敬共赢、尽心尽力"的企业文化，坚持技术创新，凭借领先的技术和专业的服务，为客户提供最适合的产品和服务！

北京京鹏环宇畜牧科技股份有限公司

北京京鹏环宇畜牧科技股份有限公司，是国内畜牧工程和设施装备领域的新三板第一股公司，是专业从事现代化畜禽场规划设计和建造的高新技术企业，是北京市科技研发机构、北京畜禽健康养殖环境工程技术研究中心、国家鼓励发展的重大环保技术装备依托单位、全国通用类农机补贴目录入选企业、畜牧机械行业十强企业。

在我国养殖业规模化发展初期，公司创造性地提出现代化畜禽场建造"交钥匙"工程，打破了设备厂商单纯提供产品的运营模式，颠覆了传统的畜禽场建造模式和服务方式。"交钥匙"工程可以向客户提供畜禽场选址—规划设计—工程建造—配套设备生产、采购、加工、安装、调试—管理培训—技术服务为一体的整体解决方案，目前已正式升级至6.0版本——e+智慧生态畜禽场。

公司秉承"责任、健康、创新、和谐"的发展理念，以"为动物缔造舒适住居生活"及"人、畜、环境、效益"和谐共赢为宗旨，以"创业报国，服务'三农'"为己任。多年来，积极开拓自主创新体系，全身心投入我国现代化农牧业建设与发展。

公司以"专家的设计理念，专业的技术支持，专心的服务体系"为宗旨，与中国农业大学、中国农业科学院、伊利集团、蒙牛集团、君乐宝集团、新希望集团、贝因美集团、飞鹤乳业、光明牧业、得益乳业、四方高科牧业、新疆天润、牧原集团、温氏集团、天邦集团、天康农牧、四川巨星、铁骑力

北京京鹏环宇畜牧科技股份有限公司

士、丹麦丹育、北欧农庄、宁夏农垦、黑龙江农垦、海拉尔农垦等国内外知名农牧企业及科研单位建立了长期合作伙伴关系。同时，产品出口到古巴、朝鲜、韩国、越南、马来西亚、泰国、菲律宾、斯里兰卡、尼日利亚、安哥拉、委内瑞拉、俄罗斯、乌克兰、乌兹别克斯坦、哈萨克斯坦、丹麦、希腊、德国等 33 个国家和地区。

中博农畜牧科技股份有限公司

中博农畜牧科技股份有限公司（以下简称"中博农"）成立于 2002 年，总部位于北京市中关村高新科技园区。2010 年度首届全国农业科技创新创业大赛冠军企业，是行业内率先获得专业施工资质证书的牧场建设企业。

公司主营业务为现代牧场建设一体化服务及畜牧设备的研发、生产和销售，包括牧场选址规划、养殖工艺设计、畜牧设备技术集成、粪污处理整体解决方案、配套工程施工、管理咨询、托管运营以及现代牧场畜牧设备的研发、生产和销售等，致力于为客户提供最优化的养殖场整体解决方案。

中博农畜牧科技股份有限公司大楼

117

中博农作为我国"规模化、标准化、现代化"奶牛养殖理念的倡导者，坚持"只有健康养殖环境才能养殖健康牛，只有健康牛才能产健康奶"的经营理念；以"博爱博天下，兴农兴中华"为使命，以提高奶牛福利，推广科学养殖为己任；从奶牛场的养殖工艺设计、设备及技术集成、配套工程等方面，为奶牛构建采食、饮水、休息、疫病防治、繁育等一系列福利设施，保证奶牛健康高产，力求从源头上保障乳制品的质量和安全。创业至今，中博农已在黑龙江、内蒙古、山东等全国20多个省区市，规划、设计、建造了100多座适宜当地环境的规模化现代牧场，其中包括有亚洲第一牧场之称的现代牧业和林牧场（原蒙牛澳亚牧场）等。

智能创造价值，责任守护健康，博爱扮美生活。遵循这一核心价值观，中博农将不遗余力地推行生态养殖、倡导循环经济，促进国内畜牧业由传统型向规模化、集约化、标准化、现代化转变，努力为中国现代规模化牧场建设做出贡献。

北京国科诚泰农牧设备有限公司

北京国科诚泰农牧设备有限公司（以下简称"国科农牧"）是一家为全球农牧行业提供智慧养殖规划、智能装备机器人、高效环保、行业大数据平台搭建及分析、数据服务的国际性科技创新企业，具有国内领先的全产业链整体解决方案、农牧行业最佳环保解决方案、智能饲喂最佳解决方案，是中国畜牧机械十强企业、中国十大畜牧业环保创新企业、中国农牧行业十大新锐品牌。

公司主要经营奶牛、肉牛、猪、羊等牧场设计、管理服务及相关设备设施（牧草设备、畜舍设备、饲喂设备、挤奶设备、粪污处理设备等）。另外，还有为牧场配套的融资租赁服务和购物网站（易牧网）等。公司大部分产品已被列入《国家支持推广的农机补贴目录》，享受中国各省区市农业机械购置补贴。

国家高新技术企业，具有全产业链整体解决方案，"5+1+N"智慧奶业建设体系入选中国畜牧业信息化"八大种子工程"方案库，承建并运营农业农村部"全国数字奶业信息服务云平台"项目，并获得农业农村部创新二等奖，拥有多项自主知识产权软件管理系统和发明专利，国科农牧深耕行业18余年，具备丰富的行业科技经验及生物数据算法的积累，在全国设有18个办事处，37个配送网点，覆盖30个省份，服务5 000余家牧场。

国科农牧以科技创新为支撑，以数据驱动产业升级，始终践行着"为农业、为牧业、为食品"的国科使命。

北京华都峪口禽业有限责任公司

北京市华都峪口禽业有限责任公司（以下简称"峪口禽业"），隶属北京首农食品集团，是农业产业化国家重点龙头企业、国家高新技术企业、世界三大蛋鸡育种公司之一和全球最大的蛋鸡制种公司，是农业农村部蛋鸡遗传育种科学观测实验站、北京市蛋鸡工程技术研究中心、禽蛋品质改良与安 全技术北京市工程实验室、中关村开放实验室、博士后科研工作站和国家蛋鸡产业技术体系平谷综合试验站的依托单位，入选中关村国家自主创新示范区"千百十工程"。

作为北京市蛋鸡工程技术研究中心的依托单位，峪口禽业自主培育蛋鸡和肉鸡两大系列，蛋鸡品种 10 年累计推广 45 亿只，国内市场占有率 50%，助推蛋鸡成为目前唯一不受国外控制的高产畜禽品种；培育出了我国第一个具有自主知识产权的白羽肉鸡品种 WOD168，开创了我国白羽肉鸡育种的先河。公司建立起了涵盖原种、祖代、父母代三级良种繁育体系，形成以北京为中心，辐射全国的产业布局，种鸡规模世界第一：现有原种 7 万只，祖代 40 万套，父母代 500 万套。

同时，公司率先在蛋鸡行业开始产业+互联网的实践，应用云计算、大数据、人工智能等现代信息技术，构建"智慧蛋鸡"，推动蛋鸡全产业链改造升级，解决制约中国蛋鸡产业的品种、效率和效益问题。

青岛大牧人机械股份有限公司

大牧人
Big Herdsman

青岛大牧人机械股份有限公司是一家从事设计、生产、销售规模化与现代化畜禽养殖装备的高新技术企业。公司以企业技术中心为基础，产学研合作为依托，技术创新为驱动，不断与时俱进，向国际一流的畜牧机械制造企业看齐，先后获得"国家高新技术企业""山东省企业技术中心""青岛市专精特新示范企业""青岛市蛋鸡笼养自动化专家工作站"等多项荣誉，并取得多项自主知识产权及研发成果。

产品研发：公司集产品研发、工程设计、制造、安装与服务为一体。主要产品包括：自动环境通风设备、环境控制设备、自动送料设备、自动饮水设备、粪污处理设备等。

服务理念：公司以"让养殖变得简单、可靠、环保、高效"为企业使命，不断凝练"客户至上、员工为本、开放创新、责任诚信、持续改善、结果导向"的企业价值观，

青岛大牧人机械股份有限公司大楼

企业核心竞争力不断提升，企业的诚信度和产品的美誉度得到众多客户的好评。

新希望六和股份有限公司

新希望集团始创于 1982 年，是一家以现代农牧与食品产业为主营业务的现代民营企业集团。新希望六和股份有限公司是新希望集团旗下最大的实体产业板块，于 1998 年在深交所上市。公司立足农牧食品产业、注重稳健发展，业务涉及饲料、养殖、肉制品及金融投资等，

遍及全国，并在越南、菲律宾、孟加拉国、印度尼西亚、柬埔寨、斯里兰卡、新加坡、埃及等国家建成或在建 50 余家分、子公司。

截至目前，公司的饲料年生产能力达 2 600 万 t，年家禽屠宰能力达 10 亿只，其控股的分、子公司 500 余家，公司员工达 6 万人。

2021 年，公司实现销售收入 1 262 亿元，控股分、子公司 800 余家，员工 8 万余人。饲料销量 2 824 万 t，出栏生猪 997 万余头，年屠宰家禽 7 亿只，供应禽苗 5 亿只，销售肉类及预制菜超 230 万 t。在 2022 年《财富》中国 500 强中位列第 108 位。

公司是农业产业化国家重点龙头企业、全国食品放心企业、中国畜牧饲料行业十大时代企业、全国十大领军饲料企业、中国肉类食品安全信用体系建设示范项目企业，主体信用获得 AAA 评级，中国肉类食品安全信用体系建设示范项目企业、2017 福布斯全球 2000 强等，是 2008 年北京奥运猪肉指定供应商、2018 上海合作组织青岛峰会禽肉指定供应商。

公司还获得"国家认定企业技术中心"、国家实验室 CNAS 认可，60 多项技术成果获得省级以上奖励，其中 6 项创新技术获国家科学技术进步奖二

等奖。旗下部分子公司通过了"ISO9001 质量管理体系认证""ISO22000 食品安全管理体系认证""GAP 良好农业规范认证""HACCP 食品安全管理体系认证"。

公司将以"农牧食品行业领导者"为愿景，以"为耕者谋利、为食者造福"为使命，着重发挥农业产业化重点龙头企业的辐射带动效应，致力于整合全球资源，打造安全健康的大食品产业价值链，继续为帮助农民增收致富，满足消费者对安全肉食品的需求，服务国家乡村振兴战略，促进社会文明进步，不断做出更大贡献。

北京中农富通园艺有限公司

北京中农富通园艺有限公司隶属于中农富通，是以中国农业大学、中国农业料学院、北京市农林科学院、北京农学院等科研院校的专家和技术为依托的农业高科技服务企业，是高新技术企业和北京市农业产业化重点龙头企业。

公司以高科技农业服务为已任，为各级政府及相关的涉农企业提供农业规划、工程设计、技术咨询、工程施工种植技术服务、农产品物流、种子种苗、农业资材销售、农业培训、园区运营管理等多元化、全方位、一站式农业高科技服务。服务的园区类型有：农旅综合体、田园综合体、农业嘉年华、现代设施农业产业集群、全域机械化园区、农业产业园、农业科技园、农业休闲园、农业养生园、农业博览会、农业博物馆、家庭农

北京中农富通园艺有限公司项目案例一

场等。公司自建参与运营的包括北京国际都市农业科技园、山西保德繁庄塔高新农业科技示范园、广西玉林中国现代农业科技展示馆、河北南和农业经济综合体、河南汝阳金色年华现代农业观光科技示范园等在内的 10 余个千亩以上的农业高科技示范基地，已在全国多地设立了分支机构。其中，旗下的北京国际都市农业科技园已获批科技部唯一温室设备国际科技合作基地、全国科普教育基地、全国青少年农业科普示范基地等。

中农富通立足北京、辐射全国、面向世界，长期致力于国际合作，已与美国、以色列、荷兰、意大利、俄罗斯等近百个国家和地区的 200 个农业机构有密切技术交流。

北京中农富通园艺有限公司项目案例二

公司秉承"聚世界一流农业人才、建国际优秀推广平台"的战略目标，不断加强国际技术合作，开拓温室技术创新，引领中国园艺技术推广，积极探索"政、产、学、研、推"新模式，通过科技产业化、技术集成化的方法，集聚国内外先进农业技术、产品及人才，立志为中国现代农业发展做出贡献。

中农金旺（北京）农业工程技术有限公司

中农金旺（北京）农业工程技术有限公司（以下简称"中农金旺"）成立于 2004 年初，是专业从事农业园区规划设计、现代化设施园艺工程设计承建、现代化设施畜牧工程设计承建、生态园工程设计承建、农业种植技术培训与服务的综合型农业公司。公司是中国农业大学科技园企业、国家高新技术企业、中关

村高新技术企业、中国农业科技园创新战略联盟副理事长单位和中国光伏农业工作委员会专委会会员单位。

中农金旺在依托中国农业大学庞大技术资源的同时，与中国农业科学院、浙江大学、西北农林科技大学等国内著名科研院所和高等学府有着长期的科研课题合作、项目开发及成果转化业务。公司具备从设计、加工、施工以及售后咨询策划等全流程服务能力，具有正规的研究设计、加工和施工等部门机构。中农金旺主要管理人员和设计师均是从事本行业 10 年以上的资深人士。

中农金旺（北京）农业工程技术有限公司项目案例一

中农金旺作为中国农业大学直属企业，既是农业人才实践锻炼的摇篮，也是学校教学科研的坚实平台，金旺人曾多次参与国家重大课题项目，从"九五"期

间的国家重大科技产业工程项目"工厂化高效农业示范工程项目",到国家"十五"项目"工厂化农业关键技术研究与示范""温室作物优质、高产、节能栽培综合环境调节机理与技术""设施农业分布式网络控制技术的应用与开发",再到"十一五"的科技支撑计划"现代高效设施农业工程技术研究与示范"等,多项课题的研究和推广都留下了中农金旺相关人员踏实的脚步和辛勤的汗水。此外,公司还积极参与了"948"关键技术引进及高科技"863""973"等项目,并进行了大量推广和应用。

2005年底公司整合多方面资源强势进入生态农业和沼气工程领域,结合新农村建设,大力发展循环经济模式,服务"三农"。2006年公司又连续推出全新的生态工程设计方案,提出

中农金旺(北京)农业工程技术有限公司项目案例二

了生态餐饮、生态洗浴、生态超市、生态公园以及生态阳光房等绿色健康概念。同期,公司积极拓展国外市场,先后将拳头产品"农大温室"和"特色种植"项目出口到朝鲜、阿塞拜疆、哈萨克斯坦、乌兹别克斯坦、伊朗、土耳其、越南、蒙古国和俄罗斯。

中农金旺大力加强了相关领域的科研开发力度,依托中国农业大学优良的设备环境、领先的科研成果和强大的专家队伍,依靠强大的研发实力、雄厚的工程技术力量、先进的设计理念、丰富的建造经验和完善的售后服务,将竭诚为广大用户提供优良的、代表国内设施农业领域最高水准的、全国、全方位的技术支持与服务。

北京市农业机械研究所有限公司

北京市农业机械研究所有限公司原系北京市人民政府1959 年批准设立的独立的省级科研事业单位，2000 年转制为全民所有制企业，2017 年改制为有限公司，隶属于北京汽车集团有限公司。

公司以科技为先导，设有现代农业创新中心，结合国家惠农政策及市场需求，积极致力于设施农业工程技术与装备的开发，以及种养加结合、一二三产融合现代循环农业产业园规划设计及建造工作、关键环节技术装备开发推广工作。在此基础上，公司推动构建了京鹏温室、京鹏畜牧两大高新技术产业公司；建有北京都市型现代农业科技与产业创新示范园、现代农业装备生产加工基地两大基地。

公司先后完成了国家、省部级课题 370 多项，其中获国家、部、市级奖励 86 项，获得各级奖励共 157 项，192 项次，获准专利 252 项。

公司是"全国综合科研能力优秀单位""全国农业科技开发十强单位""京郊经济发展十佳

北京市农业机械研究所有限公司项目案例

单位""北京市工厂化农业设施工程技术研究中心""北京市菜篮子机械设备中试基地""北京市企业技术中心",首都设施农业科技创新服务联盟副会长单位,中国农业工程学会、中国畜牧业协会、中国奶业协会、中国农业机械学会机械化养猪协会、北京畜牧业协会养猪业分会、中国畜产品绿色产业联盟、中国园艺学会设施园艺分会和中国农学会农业科技园区分会的常务理事单位,中国农业机械工业协会设施农业装备分会会长单位。

农业农村部规划设计研究院设施农业研究所

农业农村部规划设计研究院（Academy of Agricultural Planning and Engineering）是中华人民共和国农业农村部直属正局级事业单位，成立于 1979 年，是立足农业工程科技创新、农业工程咨询、农业工程设计与建设监理的农业工程科研机构。主要业务范围涉及农业资源监测、
设施园艺、畜牧工程、农产品加工、农业废弃物处理与资源化利用等农业全产业链，以及农业工程标准制定、农业投融资研究、规划编制、项目策划、工程设计和建设监理等农业建设全技术链，能够为农业农村发展提供全链条整体技术解决方案。现有专业技术人员 600 余人，其中高级职称 113 人，具有博士学位 79 人。

设施农业研究所由成立于 1979 年的环境工程研究室和畜牧工程研究室合并而成，是国内最早从事设施园艺技术与畜牧工程技术研究的机构之一。设施农业研究所立足设施园艺和畜牧产业发展，面向政府、社会提供政策咨询、技术支持、科研创新、农业规划与工程设计等农业全产业链服务。拥有"农业农村部农业设施结构工程创新团队""农业农村部设施园艺栽培工艺与装备创新团队"等称号，是农业农村部农业设施结构工程重点实验室和农业农村部永清精准试验基地。

北京华农农业工程技术有限公司

北京华农农业工程技术有限公司（以下简称"华农"）是农业农村部规划设计研究院下属的成果转化实体，是具有应用研究创新能力的科技型企业，是一个成长了 20 年的温室设备制造者，是设施园艺智能化大潮中的实践引领者。

公司坐落在北京市朝阳区，生产基地位于北京市顺义区，在北京、广东、上海分别设立有园艺装备研发中心，是北京市科委认定的高新技术企业，是中国温室拉幕、开窗系统技术首批引进者，首个流水线设备自主生产者，中国 PC 板专用铝型材、温室专用减速电机首家自主研发企业，中国首批播种机引进者，中国首家成套园艺设备集成供应者，中国首家成功研发智能物流栽培系统软件硬设备企业，中国最大规模单体温室与成套设备应用项目全程服务者，中国首例全程智能种苗生产系统策划实施者。公司为行业提供了铝合金覆盖系统、温室智能物流栽培系统、潮汐灌溉系统、AGV 运输系统、铝合金减速电机、温室喷灌机、穴盘清洗机、穴盘入床机、轻载天车、重载天车、升降机、催芽室、愈合室、生产管理软件等大量的创新成果。

现代温室园艺产业是工厂化农业的代表。温室是个大工厂，园艺生产设备就是工厂里的流水线装备，盈利则是工厂运营的目的。从生产需求开始筹划和设计，从外至内集成建设，"建设能盈利的园艺工厂"是华农的服务目标。